Franz Schulze

NAUTIK

Kurzer Abriss des täglich an Bord von Handelsschiffen angewandten Teils der Schiffahrtskunde

Franz Schulze

NAUTIK

Kurzer Abriss des täglich an Bord von Handelsschiffen angewandten Teils der Schiffahrtskunde

ISBN/EAN: 9783954271429

Erscheinungsjahr: 2012

Erscheinungsort: Bremen, Deutschland

www.maritimepress.de | office@maritimepress.de

Sammlung Göschen

Nautik

Kurzer Abriss des täglich an Bord von Handelsschiffen angewandten Teils der Schiffahrtskunde

von

Dr. Franz Schulze

Direktor der Navigations-Schule zu Lübeck

Leipzig

G. J. Göschen'sche Verlagshandlung

1898

Inhalts-Verzeichnis.

Litteratur.

Steuermannskunst; Breusing, Bremen, Heinsius.
Navigation, Lehrbuch; Albrecht & Vierow, Berlin, Decker.
Navigation, Handbuch der; Reichsmarineamt, Berlin, Mittler & Sohn.
Naut. Instrum., Handbuch der; Reichsmarineamt, Berlin, Mittler & Sohn.
Naut. Jahrbuch; Reichs-Amt d. I., Berlin, Heymann.
Kompass an Bord; Seewarte, Hamburg, Friedrichsen & Co.
Magnetismus und Deviation; Jungclaus, Bremerhaven, Tienken.
Nautische Tafeln; Dr. Fulst, Bremen, Heinsius.
Segelhandbücher, Div.; Reichsmarineamt, Berlin, Reimer.
Archiv der Seewarte 94; Drs. Bolte, Ambronn, Stechert, Abhandlungen über moderne Nautik.
Kartenkunde, Gelcich, Sauter u. Dinse, Leipzig, G. J. Göschen.
Phys. Geographie, Günther, do. do.
Meteorologie, Trabert, do. do.
Astronomie, Möbius, do. do.

I. Einleitung.

§ 1. Formeln der ebenen und sphärischen Trigonometrie.

Auf vielen Navigationsschulen wird die Bekanntschaft mit der ebenen Trigonometrie vorausgesetzt. Das musste hier auch für die sphärische geschehn, um den Umfang des Büchleins nicht zu erweitern.

Zwecks Ersparung des Nachschlagens in Spezial-Werken sollen die notwendigsten Formeln der ebenen und sphärischen Trigonometrie jedoch kurz angeführt werden, um später darauf zurückverweisen zu können.

Es sei in den nachstehenden Dreiecken h die Hypotenuse, a die dem gegebenen Winkel w anliegende, g die ihm gegenüberliegende Kathete.

Dann nennt man bekanntlich das Verhältnis

1. der gegenüberlgd. Kath. zur Hypot. den sinus des Winkels, $g : h = \sin w$
2. der anliegenden Kath. zur Hypot. den cosinus des Winkels, $a : h = \cos w$

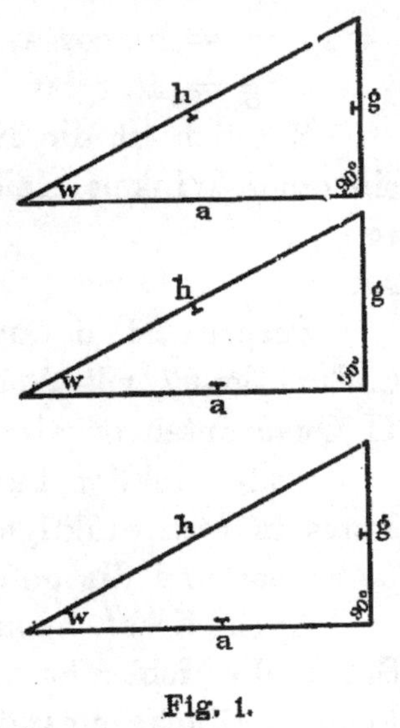

Fig. 1.

3. der gegenüblgd. Kath. zur anlgd. Kath. die tangente des Winkels, g : a = tg w
4. der anlgd. Kath. zur gegenüblgd. Kath. die cotangente des Winkels, a : g = cotg w
5. der Hypotenuse zur anlgd. Kath. die secante des Winkels, h : a = sec w
6. der Hypotenuse zur gegenüblgd. Kath. die cosecante des Winkels, h : g = cosec w

sin, cos, tg sind die reziproken Werte von cosec, sec, cotg, d. h. man kann mit cosec, sec, cotg multiplizieren, statt durch sin, cos, tg zu dividieren und umgekehrt.

Schafft man in den 6 Gleichungen den Divisor von links als Multiplikator nach rechts, so erhält man sehr übersichtliche Formeln für die Berechnung der einzelnen Seiten.

g = h . sin w	h = g . cosec w
a = h . cos w	h = a . sec w
g = a . tg w	a = g . cotg w.

Nützlich ist die Kenntnis folgender Werte:

sin	eines	Winkels	gleich	cos	des Complementwinkels
tg	„	„	„	cotg	„ „
sec	„	„	„	cosec	„ „

Ferner ist darauf hinzuweisen, dass sämtliche 6 Funktionen mit Ausnahme von sin und cosec im II Quadranten negativ sind.

Schiefwinklige Dreiecke werden durch Fällen eines Lotes in rechtwinklige zerlegt, die Teile dann einzeln berechnet und die gefundenen Werte zusammengefügt.

Auch direkt kann man nach dem sogen. Sinus-Satze die fehlenden Teile ermitteln, wenn die bekannten Stücke einander gegenüberliegen.

In dem nebenstehenden Dreiecke ABC seien die Seite BC, $\sphericalangle$ B und $\sphericalangle$ C gegeben. Da nun in jedem Dreiecke

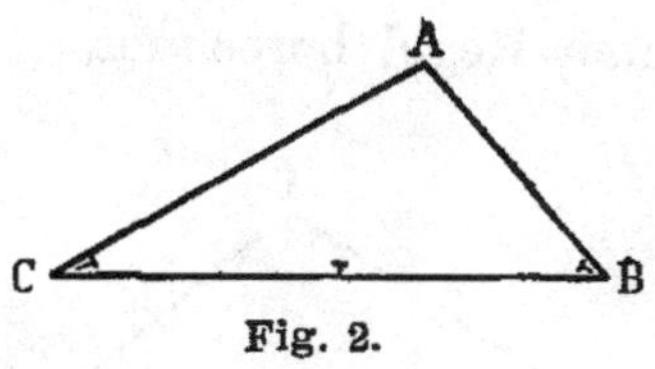

Fig. 2.

$\sphericalangle A + B + C = 180^0$ und
$\sphericalangle A = 180^0 - B - C$
so findet man AC u. AB sehr leicht nach folgendem Ansatze

$$\sin A : BC = \sin B : AC = \sin C : AB$$

Mit Hülfe der ebenfalls bekannt vorausgesetzten Logarithmenrechnung löst man diese Aufgaben dann mit geringer Mühe.

Da der Seemann auf bewegtem Schiffe misst und während der Fahrt den Ort immerwährend verändert, genügen für nautische Rechnungen, wie Dr. O. Fulst in Bremen in den Annalen der Hydographie und maritimen Meteorologie 1895 in längeren Ausführungen nachgewiesen, vierstellige Logarithmentafeln, die er unlängst in handlichem Format, — Bremen, Heinsius 97 —, herausgegeben hat. Nach diesen sind alle hier folgenden Beispiele berechnet worden.

Sind in einem Dreiecke 2 Seiten und der von ihnen eingeschlossene Winkel, z. B. Seite a, b und < C gegeben, so rechnet man nach der „Tangentenregel".

$$(a + b) : (a - b) = \mathrm{tg}\,\frac{A+B}{2} : \mathrm{tg}\,\frac{A-B}{2}$$

Durch Addition von halber Summe und halbem Unterschiede beider Winkel findet man $\sphericalangle$ A und B unter Berücksichtigung, dass im Dreiecke der grösseren Seite der grössere Winkel gegenüberliegen muss.

Seite c wird dann auf bekanntem Wege nach der Sinus-Regel berechnet.

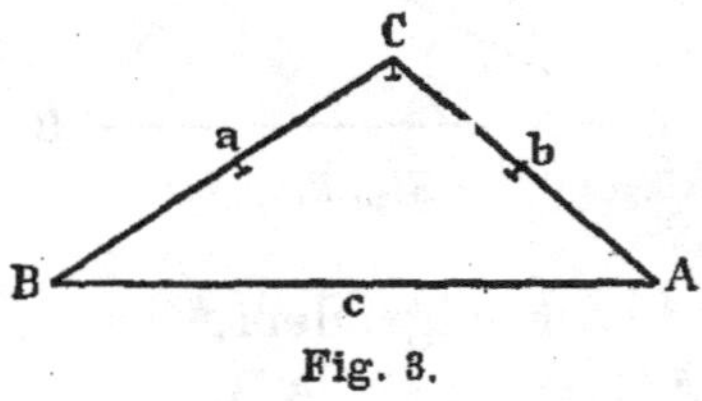

Fig. 3.

Sind aber alle 3 Seiten des Dreiecks gegeben, so sucht man den kleinsten Winkel nach der ersten, den grössten nach der zweiten der drei nun folgenden Formeln, von denen Nro. 3 für Winkel jeder Grösse genügende Genauigkeit ergiebt.

$$1.\ \sin \frac{A}{2} = \sqrt{\frac{(s/_2 - b) \cdot (s/_2 - c)}{bc}}$$

$$2.\ \cos \frac{B}{2} = \sqrt{\frac{s/_2 \cdot (s/_2 - b)}{ac}}$$

$$3.\ \text{tg}\ \frac{C}{2} = \sqrt{\frac{(s/_2 - a) \cdot (s/_2 - b)}{s/_2 \cdot (s/_2 - c)}}$$

$$s/_2 = \frac{a + b + c}{2}$$

Formel 3 wird zwecks bequemerer Rechnung oft etwas vereinfacht, wenn man alle 3 Winkel sucht. Man bestimmt zuerst

$$N = \sqrt{\frac{(s/_2 - a)\ (s/_2 - b)\ (s/_2 - c)}{s}}$$

dann dividiert man N durch $s/_2 - a$, und der Reihe nach durch $s/_2 - b$, $s/_2 - c$. Die Quotienten ergeben $\text{tg}\ \frac{A}{2}$, $\text{tg}\ \frac{B}{2}$ und $\text{tg}\ \frac{C}{2}$.

Als Prüfung der Rechnung muss $A + B + C = 180^0$ oder — bei vierstelligen log. — nahezu so gross sein.

Der Seemann hat vielfach grösste Kreisbögen auf

der Erdoberfläche oder der scheinbaren Himmelskugel zu messen und zu berechnen. Daher ist ihm die Kenntnis der sphärischen Trigonometrie ganz unentbehrlich.

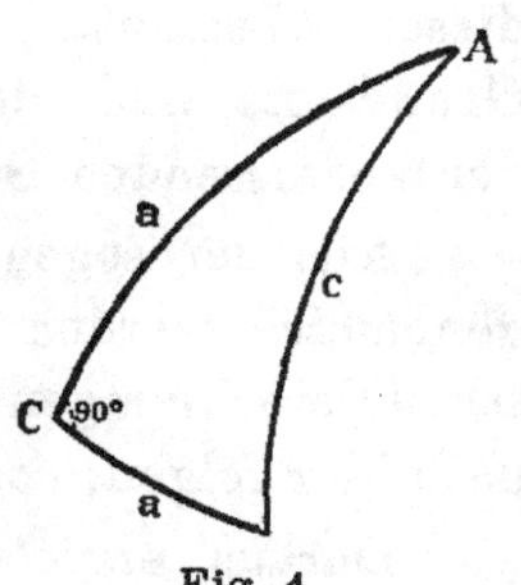

Fig. 4.

Sämtliche Formeln zur Berechnung beliebiger Stücke im rechtwinkligen Kugeldreiecke fasst man nach Napier's Vorgang in zwei (Gedächtnis-)Regeln zusammen:

Unter Nichtbeachtung des rechten Winkels kann man nämlich immer den cos irgend eines Stückes im rechtwinkligen sphärischen Dreiecke gleich dem Produkte der sin der beiden getrennten (nicht anliegenden) oder auch gleich dem Produkte der cotg der beiden anliegenden Stücke setzen.

Nach Bildung des Ansatzes muss man jedoch für die Funktionen der Katheten dann ihre Komplementfunktionen einsetzen.

Schiefwinklig-sphärische Dreiecke berechnet man nach Fällung eines Lotes, gerade wie bei den ebenen, als rechtwinklige oder wendet direkte Formeln an.

Da sich die sin der Seiten des sphärischen Dreieckes wie die sin der gegenüberliegenden Winkel verhalten, kann man diesen „Sinussatz“ oft mit Vorteil anwenden, vermeidet ihn aber da, wo Zweifel über die Wahl des Quadranten vorhanden sind.

$$\sin a : \sin b = \sin A : \sin B \text{ und}$$

$$\sin B = \frac{\sin b \,.\, \sin A}{\sin a}$$

Fällt man von einer Spitze ein Lot auf die gegenüberliegende Grundseite, dann verhalten sich die sin dieser Abschnitte wie die cotg der Winkel an der Grundseite und die cos der Abschnitte, wie die cos der anstossenden Seiten.

Aus der sogen. Grundformel der sphärischen Trigonometrie werden viele andere, zu astronomisch-nautischen Berechnungen erforderliche abgeleitet, sie möge deshalb hier folgen: $\cos a = \cos b \cdot \cos c + \sin b \cdot \sin c \cdot \cos A$.

Daraus ergiebt sich durch Hinüberschaffen von rechts nach links

$$\cos A = \frac{\cos a - \cos b \cdot \cos c}{\sin b \cdot \sin c}$$

Dieser Ansatz ist für logarithmische Rechnung wegen des Minus-Zeichens nicht geeignet, man bringt ihn aber durch Addition oder Subtraction zu oder von 1 in geeignete Form und erhält drei sehr bequeme zum Bestimmen der Winkel geeignete Gleichungen, entsprechend denen der ebenen Dreiecke. Auch hier gilt für die Wahl des sin u. s. w. ebenfalls das an jener Stelle Gesagte.

$$\sin \frac{A}{2} = \sqrt{\frac{\sin (s/_2 - b) \sin (s/_2 - c)}{\sin b \cdot \sin c}}$$

$$\cos \frac{B}{2} = \sqrt{\frac{\sin s/_2 \cdot \sin (s/_2 - b)}{\sin a \cdot \sin c}}$$

$$\mathrm{tg} \frac{C}{2} = \sqrt{\frac{\sin (s/_2 - a) \cdot \sin (s/_2 - b)}{\sin s/_2 \cdot \sin (s/_2 - c)}}$$

Auch die „Napier'schen Analogien“ sind zur bequemen Lösung einiger Aufgaben sehr nützlich. Man braucht sie, wenn im sphär. Dreiecke entweder zwei Seiten und der von denselben eingeschlossene Winkel, oder zwei Winkel und die zwischenliegende Seite gegeben sind.

Fall I. Gegeben 2 Seiten und die eingeschlossenen Winkel:

$$\cos\frac{a+b}{2} : \cos\frac{a-b}{2} = \operatorname{cotg}\frac{C}{2} : \operatorname{tg}\frac{A+B}{2}$$

$$\sin\frac{a+b}{2} : \sin\frac{a-b}{2} = \operatorname{cotg}\frac{C}{2} : \operatorname{tg}\frac{A-B}{2}$$

Summe und Unterschied von $\frac{A+B}{2}$ und $\frac{A-B}{2}$ ergeben $\sphericalangle$ A und B.

Fall II. Gegeben zwei Winkel und die zwischenliegende Seite:

$$\cos\frac{A+B}{2} : \cos\frac{A-B}{2} = \operatorname{tg}\frac{c}{2} : \operatorname{tg}\frac{a+b}{2}$$

$$\sin\frac{A+B}{2} : \sin\frac{A-B}{2} = \operatorname{tg}\frac{c}{2} : \operatorname{tg}\frac{a-b}{2}$$

Man findet jetzt, ähnlich dem Verfahren im ersten Falle, die Seiten a und b folgendermassen:

$$\begin{array}{ll} \frac{a+b}{2} & \frac{a+b}{2} \\ \frac{a-b}{2} & \frac{a-b}{2} \\ \hline \text{Summe} = a & \text{Unterschied} = b \quad \text{wenn } a > b. \end{array}$$

Durch Umformen dieser vier Gleichungen lässt sich in der ersten $\operatorname{cotg}\frac{C}{2}$, in der dritten $\operatorname{tg}\frac{c}{2}$, mithin $\sphericalangle$ C und Seite c bequem finden. Bei der halben Summe von Winkeln oder Seiten ist auf das Vorzeichen des cos zu achten.

Zur Berechnung des Stundenwinkels braucht der Seemann häufig eine weitere Funktion:

$$1 - \cos\alpha = 2\sin^2\frac{\alpha}{2} = \text{sinusversus}\ \alpha$$

$$\sin^2\frac{\alpha}{2} = \text{semiversus}\ \alpha$$

In nautischen Tafelsammlungen findet man die eine oder andere berechnet und schlägt direkt den in Zeit verwandelten Winkel auf.

§ 2. Kreisteilung.

Dem Nautiker müssen drei Arten der Kreisteilung gleich geläufig sein, da alle drei häufig angewandt werden.

Man teilt den Kreis-Umfang in 360°, in 24 Stunden oder am Kompass in 32 Striche und Unterabteilungen ein.

Bogen	Zeit	Strich	Bogen
360°	24 u	32 Striche	360°
180°	12 u	16 „	180°
90°	6 u	8 „	90°
45°	3 u	4 „	45°
15°	1 u	1 „	11,2°
1°	4 m	1/2 „	5,6°
15′	1 m	1/4 „	2,8°
15″	1 sec	1/8 „	1,4°

II. Die nautischen Instrumente.

§ 3. Der Kompass.

Die Fähigkeit der Magnetnadel, stets angenähert die Nord-Südrichtung anzugeben, brachte schon frühe auf den Gedanken, die Nadel drehbar auf eine Spitze, die „Pinne“, zu legen und eine in Grade oder Striche geteilte Scheibe, die „Kompassrose“, fest mit ihr zu verbinden.

Die Rose wird entweder, wie jeder andere Kreis, — siehe den vorhergehenden § — in 360° geteilt, oder nach 32 Strichen bezeichnet. Im ersten Falle rechnet man von Nord wie Süd je 90° nach Ost und nach West: N 45° O; S 18° W, u. s. w. Für Strichteilung zieht man durch den Mittelpunkt zwei aufeinander senkrecht stehende Durchmesser, deren einer mit der Längsachse der Nadel zusammenfällt. Man erhält so die vier Hauptstriche N, O, S, W.

Durch Halbierung dieser vier rechten Winkel entstehen die vier Haupt-Zwischenstriche NO, SO, SW, NW.

Setzt man die Zweiteilung fort, so ergiebt sich zwischen N und NO die Richtung NNO, zwischen NO und O dagegen ONO und der Reihe nach in den andern Quadranten in II: OSO, SSO, in III: SSW, WSW, in IV: WNW, NNW.

Diese $22^1/_2{}^0$ umfassenden Winkel werden abermals halbiert, dann entstehen die einzelnen „Striche“ von je $11^1/_4{}^0$, so dass die ganze Kompassrose folgendermassen benannt wird:

I.		III.	
	N		S
	NzO		SzW
	NNO		SSW
	NOzN		SWzS
	NO		SW
	NOzO		SWzW
	ONO		WSW
	OzN		WzS

II.	O	IV.	W
	O z S		W z N
	OSO		WNW
	SO z O		NW z W
	SO		NW
	SO z S		NW z N
	SSO		NNW
	S z O		N z W

Fig. 5. Kompass-Rose.

Die ganzen „Striche“ werden nach Bedarf auch noch in halbe und viertel, auch wohl in achtel, selten jedoch in sechszehntel Striche geteilt. Man kann also Richtungen, wie NO z O $^{1}/_{4}$ O; O $^{1}/_{2}$ S; SSW $^{3}/_{4}$ W und WNW $^{7}/_{8}$ W von der Rose ablesen und dann die sechszehntel schätzen. Fernerer Unterabteilungen bedarf man nicht, da kleinere übersichtlicher in Graden und Zehnteln davon angegeben werden. Für nautische Berechnungen wäre es bedeutend einfacher, Strichteilung aufzugeben und nur nach Graden und zwar von Nord über Ost 360° fortlaufend zu zählen. Kursverwandlungen, Deviations- und Missweisungsverbesserungen, Anbringen der Abdrift u. s. w. würden sich viel schneller, und vor Allem sicherer erledigen lassen. Denn rechts herum nehmen die Gradzahlen dann beständig zu, links herum aber ab. Bei der jetzigen Strichteilung der Rose wachsen die Zahlen im I. und III Quadranten von links nach rechts, im II. und IV. dagegen umgekehrt. Die fortlaufende Zählung ist von Tuxen schon in den fünfziger Jahren auf dänischen Kadettenschulschiffen mit gutem Erfolge probiert, jedoch nicht in Gebrauch genommen. Ebensowenig haben neuere Anregungen ein Aufgeben der unbequemen Zählart bewirken können. Es ist für den Decksdienst ja durchaus nicht notwendig, die Strichnamen abzuschaffen, jedoch nicht schwieriger, dem simpelsten Matrosen einen Kurs: N 27° O als NNO $^3/_8$ O aufzugeben und ihm begreiflich zu machen, was er zu steuern hat.

Die Engländer zählen ganz ähnlich, wie wir Deutschen, statt des „zu" in N z O, W z S u. s. w. setzen sie by (bei), also W b S, O = Osten heisst bei ihnen East.

Die Holländer brauchen ten und schreiben Süd = Zuid, so dass S z O auf einem holländischen Kompass Z t O bezeichnet würde. Die Skandinavier wiederum wenden til an und schreiben West mit V. Die Unterschiede sind so geringfügig, dass man sich ohne Weiteres orientieren kann. Grössere Abweichungen zeigen die Benennungen der Franzosen, Spanier und Italiener, die hier übergangen werden müssen.

Die einfachste Art eines brauchbaren Bootskompasses hat ungefähr folgende Einrichtung. Der weissgemalte, an vier cm hohe Innenrand einer cylindrischen Messingdose von ungefähr sieben cm Durchmesser wird mit einem senkrechten schwarzen, dem sogen. „Steuer"-Striche, versehn, und die Dose im Fahrzeuge stets so gedreht, dass dieser Strich nach vorne zeigt. Im Mittelpunkte des Bodens wird ein oben zugespitzter Messing- oder Neusilberstift, die Pinne, senkrecht festgelötet. Ein 1 mm starker, magnetischer, fünf mm breiter Stahlstab, etwas kürzer als der Dosendurchmesser, wird nun in der Mitte durchlocht, mit einem Messinghütchen versehen, das wiederum als Fassung für einen Achat oder härteren Stein dient. An der Nadel wird die auf Marienglas geklebte Rose befestigt, dann auf die Pinne gelegt, und die Dose vermittels eines Glasdeckels geschlossen.

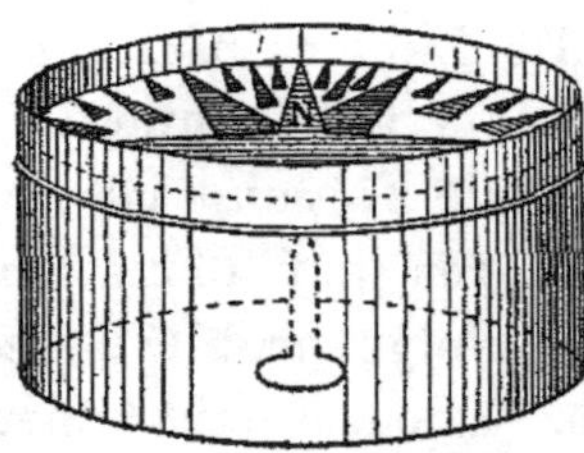

Fig. 6. Boots-Kompass.

Für Gebrauch grösserer Fahrzeuge sind die Abmessungen natürlich anders. Der Kompass muss ferner in der Cardanischen Aufhängung (Kreuzzapfen, Zwieringen) angebracht werden, um bei den Bewegungen des Schiffes seine horizontale Lage stets beibehalten zu können.

Er wird alsdann in seinen, meistens in der Mittschiffs-Linie befindlichen Behälter, das „Nachthaus", eingesetzt. In diesem ruht er bei guten Exemplaren auf einem aus Kupferdraht geflochtenen, nicht ganz

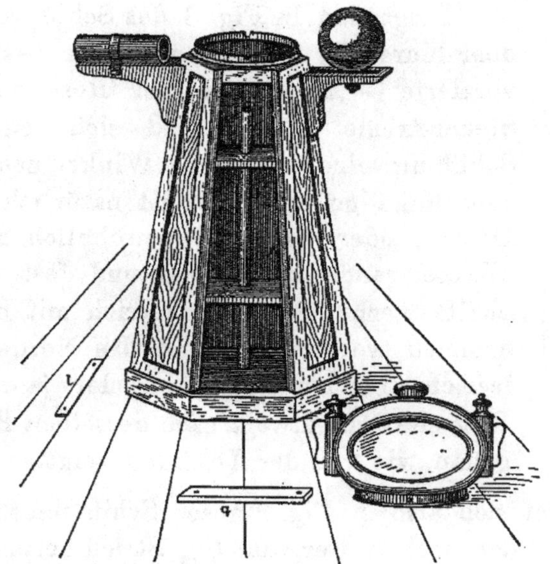

Fig. 7a. Nachthaus.

fingerdicken Ringe, der die Erschütterungen durch Seegang und Maschine aufheben soll. Das eine Zapfenpaar muss nun genau quer-, das andere längsschiffs liegen; in Fig. 7^b ist der äussere Ring, der senkrecht zur Papierebene stehen muss, 90° herumgedreht, damit man die Zapfen-Stellung besser sehn kann.

Denkt man sich jetzt durch den Steuerstrich, der den Schiffs-Kurs anzeigt, eine senkrechte Ebene gelegt, so muss diese das längsschiffs liegende Zapfenpaar und, genügend erweitert, bei aufrechter Lage des Schiffes auch den Kiel halbieren.

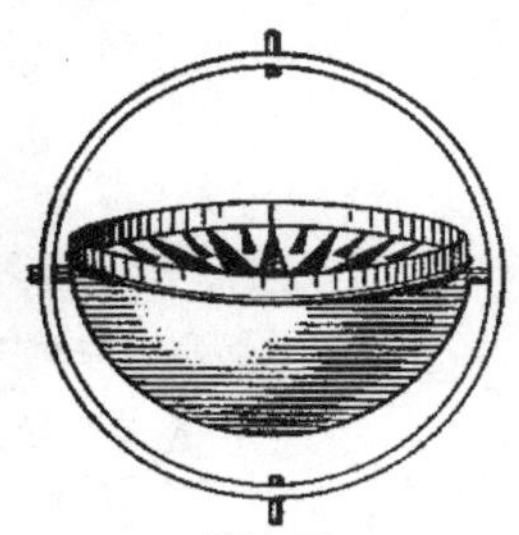

Fig 7b.
Cardanische Aufhängung

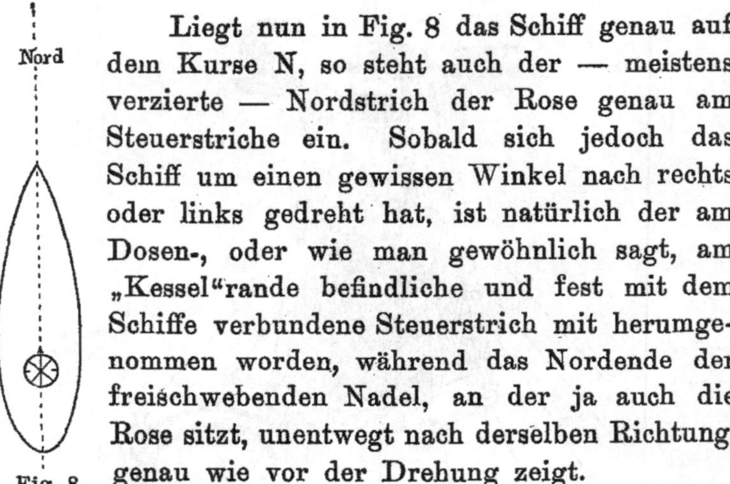

Fig. 8.

Liegt nun in Fig. 8 das Schiff genau auf dem Kurse N, so steht auch der — meistens verzierte — Nordstrich der Rose genau am Steuerstriche ein. Sobald sich jedoch das Schiff um einen gewissen Winkel nach rechts oder links gedreht hat, ist natürlich der am Dosen-, oder wie man gewöhnlich sagt, am „Kessel"rande befindliche und fest mit dem Schiffe verbundene Steuerstrich mit herumgenommen worden, während das Nordende der freischwebenden Nadel, an der ja auch die Rose sitzt, unentwegt nach derselben Richtung, genau wie vor der Drehung zeigt.

Hat sich also in Fig. 9 unser Schiff um $22^1/_2{}^0 = 2$ Strich, oder noch weiter, um $5^1/_2$ Strich herumgedreht, seinen Kurs von N auf NO z O $^1/_2$ O geändert, so ist scheinbar das Nordende der Nadel vom Steuerstriche V

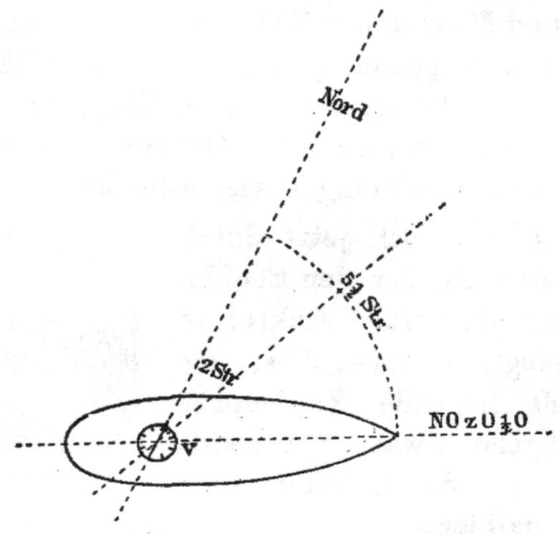

Fig. 9. Steuerstrich.

nach links herum weiter gerückt. Es steht dem schwarzen Striche am Kesselrande nunmehr NOzO 1/2 O gegenüber oder, wie der seemännische Ausdruck lautet, es „liegt NOzO 1/2 O an“.

Die Kunst des Mannes am Ruder hat das Schiff an eigenmächtigem Abwenden („Gieren“) vom befohlenen Kurse durch zeitiges Drehen des Steuerrades zu hindern; man muss der abdrängenden Wirkung von Wind und Wellen zuvor kommen und auch entgegen arbeiten. Jede kleine Abweichung von der vorgeschriebenen Richtung merkt der Steuerer sofort daran, dass der ihm befohlene Kurs nicht mehr genau vorne am Steuerstriche, sondern seitlich, links oder rechts davon steht. Die Pflicht des wachehabenden Steuermannes aber ist es, den Rudersmann sorgsam zu überwachen, dass jener den richtigen Kurs möglichst genau innehält.

Damit man bei Neubeschaffung wirklich brauchbare Kompasse erhält, ist dringend zu raten, nicht ängstlich um den Preis zu feilschen. Gute Waare kann nicht billig sein. Um ganz sicher zu gehn, kaufe man kein Exemplar ohne Prüfungsattest der Deutschen Seewarte, welche für eine kaum nennenswerte Gebühr amtliche Untersuchungen der nautischen Instrumente vornimmt.

Früher betrieben die Segelmacher die verhältnismässig einfache Herstellung von Kompassen als Nebengeschäft, als auf den hölzernen Segelschiffen alles, nur einigermassen geschickt Angefertigte brauchbar war. Am Ende des jetzigen Jahrhunderts ist dagegen die Fabrikation des für den Seemann so überaus wichtigen Instrumentes eine schwierige Kunst, eine Wissenschaft geworden, die vom Hersteller nicht allein grosse praktische Geschicklichkeit und Erfahrung, sondern auch genaueste Kenntnis mechanischer Theorie verlangt. Nur die Vereinigung beider Eigenschaften kann heute noch Zweckdienliches schaffen.

Denn man muss jetzt mit schwierigen Verhältnissen rechnen. Früher störten die langsamen Schlingerbewegungen der Segelschiffe selbst einen nur mittelmässigen Kompass wenig, jetzt aber verursachen die fortwährenden, heftigen Stösse der schnellfahrenden Dampfer, die Erschütterungen des Propellers, des Dampfruders ganz in der Nähe des Nachthauses u. s. w. einerseits grosse mechanische Störungen. Andrerseits kommen noch verschlechternde Bedingungen für zufriedenstellendes Arbeiten der Kompassrose hinzu, da man die Schiffe statt aus Holz, jetzt ganz aus Eisen oder Stahl erbaut, selbst das Deck und die Aufbauten auf diesem aus ebendemselben Material konstruiert und noch ausserdem das Fahrzeug mit Masten, Raaen, Booten und Tauen aus Eisen bezw. Stahl ausrüstet.

Dadurch entstehen für den Kompass magnetische Einflüsse, welche seine Richtkraft natürlich so bedeutend schwächen, dass die Konstruktion mit einer Nadel u. s. w. heutzutage auf eisernen Schiffen nicht mehr genügt. Der Segelmacher hat dem gelehrten Physiker, der Handwerker dem Mathematiker das Feld räumen müssen.

Statt e i n e r einzelnen Nadel nimmt man zwei und noch mehr, die natürlich alle parallel zu einander, sowie zum Nord-Süd-Durchmesser, in der hohen Kante und vertieft unter der Rose befestigt werden. Durch Versuche hat man ermittelt, dass es am vorteilhaftesten ist, wenn die Polenden der inneren Nadeln einen Winkel von 15°, der äusseren einen solchen von 45° einschliessen. Der eine Verfertiger legt die Nadeln der Mitte, der andere dem Rande näher, dieser nimmt Seidenfäden, um die einzelnen Magnete zu verbinden, jener Bambusstäbchen oder Aluminiumdraht. Die neueste Konstruktion verlegt die Nadeln ganz an den Rand und benutzt sie zugleicherzeit zum Spannen der Stoffrose, die garnicht mehr auf Glimmer geklebt ist. (Kayser in Holland.)

Alle haben das Bestreben, kleine Nadeln anzuwenden und möglichste Leichtigkeit bei grosser Empfindlichkeit der Rose zu erzielen, sowie derselben eine längere Schwingungsdauer als früher zu geben.

Bahnbrechend auf diesem Gebiete war der englische Physiker Sir William Thomson, der jetzige Lord Kelvin, welcher in der glücklichen Lage ist, die Resultate theoretischer Forschungen zuerst an Bord seiner eigenen Dampfyacht in Praxis übersetzen und auf ihre Zuverlässigkeit prüfen zu können. Er begann seine Versuche mit Kompassen, deren Nadeln viel kleiner als gewöhnlich waren, und trat erst nach mehr als dreijährigen Versuchen im Laboratorium, in Werkstatt und See mit den Ergebnissen an die Oeffentlichkeit. Er hatte, wie er selber in einem Vortrage vor der Royal united Service Institution am 4. 2. 78 hervorhob, einen Kompass hergestellt, der auf jedem Schiffe, bei jedem Wetter und Seegang allen Anforderungen entspricht, nachdem er zu dem Schlusse gekommen, dass Ruhe einer Rose nicht durch die Vermehrung des Gewichtes, sondern durch Verlängerung der Schwingungsperiode erreicht werden müsse.

In Deutschland sind die Präzisionsmechaniker auf

gleichem Pfade mit gleichem Eifer vorgeschritten und haben auch gute Erfolge erzielt, wie Plath und Hechelmann in Hamburg, Ludolph in Bremerhaven u. A. Jeder ist seinen eigenen Weg gegangen und hat in verschiedenen Konstruktionen Instrumente von anerkannter Güte und Brauchbarkeit geliefert.

Wie die Abbildungen zeigen, ist der mittlere Teil der Rose, weil überflüssig, herausgeschnitten. Um

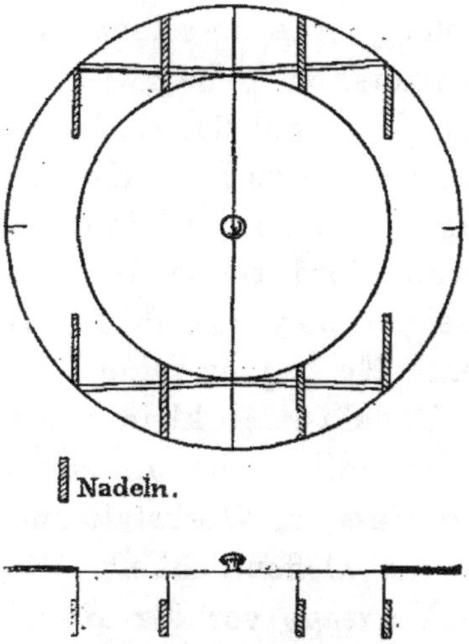

Nadeln.

Nadeln.

Fig. 10. Hechelmann-Ros

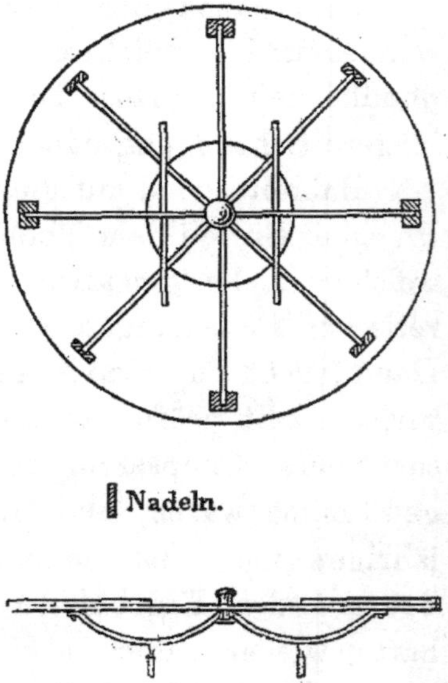

Fig. 11. Plath'sche Rose.

Fig. 12. Thomson-Rose.

Leichtigkeit zu erzielen, ist man mit dem Marienglas sehr sparsam gewesen und hat es nur am Rande der Rose angewandt. Aluminium, sehr spitze Stahlpinne und harte Edelsteine dienen, die Reibung auf ein Minimum hinunter zu drücken.

Fig. 10 und 11 zeigen die Unterseite der Rose und die Vertiefung der Nadeln.

Die Seewarte verlangt: (Der Kompass an Bord, Hamburg 1889) Der Kompass soll genügend starke, beim Heben nicht verbiegende Kesselwände und Ringe haben. Die Zapfenachsen sollen sich rechtwinklig im Kesselmittelpunkte schneiden. Genau bis dahin muss die stählerne Spitze der Pinne reichen, damit der Aufhängungspunkt der Rose sowohl bei Längs-, wie Querschiffs-Schwankungen neutral bleibt. Die Spitze muss völlig glatt sein und in einem Punkte endigen. Oft wird sie, statt direkt am beschwerten Kesselboden, in einer Hülse auf federnder Unterlage befestigt, dies wird jedoch nicht mehr recht empfohlen. Die Pinne muss genau in der Mitte des Kessels senkrecht stehen, sonst klemmt der Rand der Rose an irgend einer Stelle. Das Hütchen, welches statt des weichen Achat einen glatt und hohl geschliffenen Edelstein: Beryll, Sapphir, Rubin fassen soll, muss genau im Zentrum der gleichmässig und genau geteilten Rose sitzen. Lenkt man die Nadel durch Annähern eines Magneten aus ihrer Ruhelage, so soll sie sich nach einigen gleichmässig und allmählich abnehmenden Schwingungen wieder genau wie früher einstellen, sie muss (K. a. B. S. 48): „ein äusserstes Vermögen, der magnetischen Richtkraft Folge zu leisten und möglichst grosse Ruhe besitzen". Deshalb soll man streben, die Rose thunlichst leicht zu machen. Um ihr zugleich grosse Stabilität zu verschaffen, ist eine Versenkung des Schwerpunktes, wie Fig. 10—12 zeigen, notwendig. Schon mit Rücksicht auf die verschiedene Inklination an den verschiedenen Orten, die ein Schiff aufsucht, ist es notwendig, die Nadeln unter dem Aufhängungspunkte anzubringen. Um der Rose aber grosse Empfindlichkeit zu geben, muss die Reibung so klein, die magnetische Kraft der Nadeln so gross wie möglich gemacht werden. Da man, was früher bereits ausgeführt, leichte Rosen, also kleine Magnetnadeln nimmt, um Stein und Pinne zu schonen, wird ihr magnetisches Moment M natürlich kleiner, jedoch ebenso das Gewicht der ganzen Rose p. Es ist nun Aufgabe des Konstrukteurs, für jede Art von Kompassen das richtige Verhältnis von $\frac{M}{p}$ zu finden und die Grenzwerte zu ermitteln, unter die man nicht gehen darf.

Auf etwas anderem Wege hat man auch den Fluid- oder Schwimmkompassen diese Eigenschaften verschafft. Um grösstmögliche Leichtigkeit zu erzielen, ist die 2 sehr grosse und schwere Nadeln (a b der Figur 13) tragende Rose mit einem Luft enthaltenden Schwimmer sw versehen. Das ganze System ist dann in einen mit Sprit gefüllten Kompasskessel auf die Pinne gelegt.

Der Auftrieb vermindert das Gewicht bis auf ein Minimum. Während die Flüssigkeit jeder Bewegung der Rose im Kessel einen Widerstand, eine Dämpfung, entgegensetzt, sind die starken Nadeln bestrebt, die

Empfindlichkeit der Rose zu erhalten. Der elastische Doppelboden fg nimmt bei Ausdehnung der Flüssigkeit durch Wärme den oben überflüssigen Sprit — siehe Fig. 13 — auf und füllt bei Zusammenziehung des Inhaltes, in Folge von Abkühlung, den oberen Teil des Kessels immer wieder von d aus, so dass die lästigen und störenden Blasen vermieden werden.

Versieht man den oberen Rand des Kompasskessels oder den Deckel mit einer drehbaren Visier-Vorrichtung

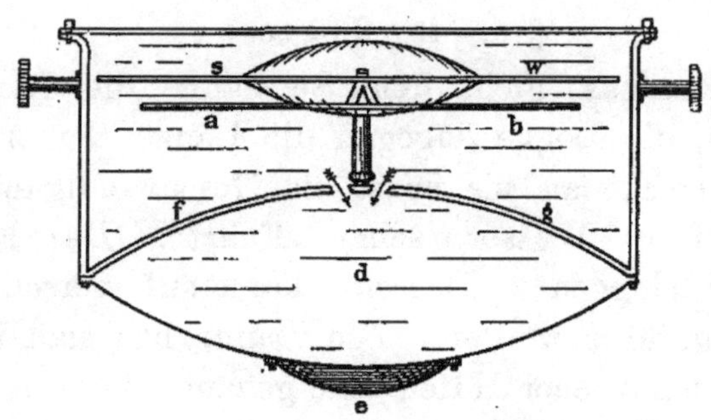

Fig. 13. Fluid- oder Schwimm-Kompass.

a b Nadeln — f g elastischer Doppelboden
s w Rose mit Schwimmer — d Reservebehälter
e Bleibeschwerung.

(Diopter), so erhält man einen Peilkompass, der für sichere Navigierung ganz unentbehrlich ist. Die Peilvorrichtung ist meistens so eingerichtet, dass man mit Hilfe eines Prisma oder Spiegels sowohl Gegenstände am Horizonte, als auch in beliebigen Höhen peilen*) und zugleich ihre Richtung auf der Rose ablesen kann.

*) Anmerkung. „Peilen“ nennt der Seemann sowohl „die Richtung bestimmen“, visieren, als auch einfach messen, z. B. den Wasserstand bei den Pumpen, dieselben „peilen“=pegeln und ebenso die Wassertiefe aussenbords mit einem „Peilstock“ peilen.

Viele Nautiker brauchen zum Peilen der Sonne einfach einen Schattenstift, der senkrecht im Mittelpunkte des Glasdeckels eingesetzt wird. Leider verbiegt sich dieses ebenso bequeme, wie zweckentsprechende Instrument ausserordentlich leicht und fälscht dann die Peilung genau so, als ob der Kompass schief gehalten wird. Diese letztere Untugend haben viele Navigateure an sich und sind sehr erstaunt, wenn sie auf diesen Fehler und seinen Betrag aufmerksam gemacht werden.

§ 4. **Die Logge.**

Der Kompass giebt dem Seemanne die Richtung des Weges, die Logge dagegen die Länge der zurückgelegten Strecke an, sie misst die Geschwindigkeit des Schiffes durchs Wasser, seine „Fahrt“. Das Messen nennt man „loggen“. Dasselbe kann auf verschiedene Weise ausgeführt werden. Am Lande hat man in der Nähe viel befahrener Häfen eine genaue Seemeile durch Baken festgelegt und kann nun z. B. bei Probefahrten die stündliche Fahrt bestimmen, wenn man genau darauf achtet, in welcher Zeit diese gemessene Meile zurückgelegt wird z. B.:

Man legt mit einem neuerbauten Dampfer die vor Travemünde abgemessene Seemeile in 7 ^{m} 24 $^{sec.}$ zurück, wieviel beträgt die stündliche Fahrt?

$7{,}4^{m} : 1 = 60^{m} : x \qquad x = 8{,}1^{sm.}$

Man kann die Fahrt auch ermitteln, dadurch, dass man zählt, in welcher Zeit eine bestimmte Strecke des Schiffes, die man auf der Reling abmisst und kenntlich macht, an einem bestimmten, fest im Wasser liegenden Mark vorüber gleitet. Dazu berechnet man zuerst, wieviel ein Schiff in einer Sekunde vorwärts kommt, wenn es in einer Stunde eine Seemeile = 1852 m macht. Zur schnelleren Berechnung haben Fachleute die Logg-Meile auf 1800 m abgerundet. Ein mit einer See-Meile (sm) Geschwindigkeit in der Stunde segelndes Schiff durcheilt demnach in einer Sekunde 1800 m : 3600 = 0,5 m. Hat man sich nun auf der Schiffsreling eine gerade Strecke von z. B. 25 m abgetragen und Anfang und Ende dieser 50 halben Meter deutlich gemerkt, so braucht man nur ein Stückchen Holz oder irgend einen schwimmenden Gegenstand über Bord zu werfen und die Zeit nach einer Sekundenuhr zu notieren, die der Gegenstand scheinbar gebraucht, um von der vorderen nach der achteren Marke zu gelangen. Die Sekunden werden in die 50 Halbmeter geteilt, der Quotient giebt die Fahrt.

Die abgemessene Strecke ($50 \frac{m}{2}$) wird in 10 ^{sec} zurückgelegt, der Quotient ist 5. Macht das Schiff nur einen Halbmeter in der Sekunde, legt es in der Stunde eine Seemeile, macht es dagegen 5, so legt es natürlich auch 5 Seemeilen stündlich zurück. Diese Einrichtung nennt man „Relingslogge“; sie liefert jedoch nur bei geringer Fahrt und ruhiger See zuverlässige Resultate, solange man eben das über Bord Geworfene als stillliegend ansehen kann.

Wenn man beim Beginne der Reise eine dünne Leine hinter dem Schiffe auslaufen liesse und dieselbe nach einer bestimmten Zeit wieder einholte, könnte man durch Nachmessen der aussenbords gewesenen Schnurlänge die abgesegelte Distanz erhalten. Da ein schnelles

Schiff eine Geschwindigkeit von mehr als 20 sm (4 = 1 geogr. Meile) erreichen kann, müsste man zu dem vorgeschlagenen Verfahren einen ungeheuren Vorrat solcher Leine haben und grosse Kraft zum Wiedereinziehen verwenden; wahrscheinlich würde man die Leine bald reissen sehn. Deshalb verkürzt man die Dauer dieser Art von „Loggen“ auf eine Viertelminute, die man vermittelst eines Sandglases misst, und nimmt an, dass sich das Schiff, wenn Wind und Wetter nicht ändern, die ganze Stunde hindurch mit derselben Geschwindigkeit weiter bewegt. Nach Ablauf dieser Frist loggt man dann von neuem.

Da man 15 sec. $= \frac{1}{240}$ Stunde als Zeiteinheit nimmt, darf man von der Seemeile auch nur $\frac{1}{240}$ nehmen. 1852 : 240 ergiebt 7,71 m Länge, die man nach den in der Loggleine eingeflochtenen Zeichen „Knoten“ nennt. Laufen während des Loggens nun 10 solcher Knoten ab, so segelt man mit 10 Knoten Fahrt oder einer stündlichen Geschwindigkeit von 10 sm.

Um für die Zählung einen festen Anfangspunkt zu gewinnen, bindet man ans Ende der Leine ein dünnes, sektorförmiges Brettchen, ungefähr 1 cm stark, von 14—17 cm Halbmesser und 60—90° Centriwinkel. Den gekrümmten Rand beschwert man durch Bleieinlage soweit, dass die Vorrichtung bis zur Spitze, durch welche die Loggleine gesteckt und geknotet ist, eintaucht. In den beiden andern Ecken sind ebenfalls Löcher, durch jedes ist ein Ende einer Schnur von 1—1,5 m Länge gezogen und durch Knoten befestigt. An die Mitte dieser Schnur ist ein Holzpflock a — Fig. 14 — genäht, der jedesmal vor dem Loggen in eine bei b an der Leine befindliche Holzröhre lose hineingedrückt wird. Von den 3 Enden der Leine gehalten, schwimmt der Sector nun so lange senkrecht im Wasser, bis ein kräftiger Ruck nach Beendigung des Loggens a wiederum von b trennt. Das Brettchen wird dann nur noch an der Spitze gehalten, liegt flach auf dem Wasser und lässt sich so leichter einholen.

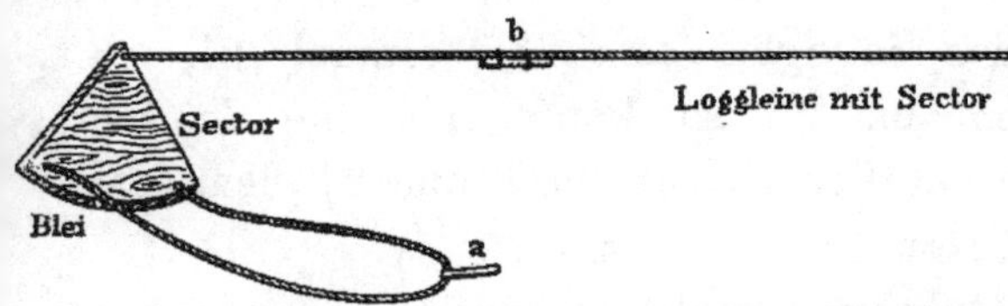

Fig. 14. Die Handlogge.

Die Knoten-Einteilung beginnt nun nicht gleich beim Brettchen. Man giebt der Leine vielmehr einen sogenannten Vorlauf von 1—1½ Schiffslängen, damit der Sektor zuerst aus den Wirbeln dicht hinter dem Schiffe, dem „Sog des Kielwassers“ herauskommt. Eine auch im Dunkeln wahrnehmbare Marke, — Läppchen —, bezeichnet den Anfang der Teilung. Sobald dieses über den Schiffsrand, das Heck, hinunter ins Wasser gleitet, kehrt man das Glas um und hält schliesslich die auslaufende Leine in dem Augenblicke an, wenn das letzte Sandkorn aus der oberen in die untere Abteilung hinabrinnt.

Man nimmt zwar den Ort des Loggbrettchens im Wasser während der 15 Sekunden als unveränderlich an, kann aber trotz aller Vorsicht ein „Nachschleppen“

nicht ganz vermeiden. Es läuft also nicht genug Leine aus, und man loggt demgemäss zu wenig. Um diesem Uebelstande abzuhelfen, pflegt man auf einigen Schiffen die berechneten Knoten um 5% zu kürzen, jedoch ist dieser Brauch nicht allgemein. Deshalb schlug Dr. Breusing, um Einigkeit im Abmessen der Knoten zu erzielen, vor, die Seemeile auf 1800 m abzurunden, wie schon bei der Relingslogge erwähnt wurde. Dadurch erhält man die als Gedächtniszahl so günstige „Sekundenknotenlänge“ oder „Meridiantertie“ 0,5 m.

Wenn nun das Sandglas statt 15 einmal 14, 16 u. s. w. Sekunden anzeigt, so kann man die Knoten nunmehr ausserordentlich leicht bestimmen, denn zu 14 $^{sec.}$ gehören 7, zu 16 $^{sec.}$ 8 m u. s. w.

Die durch Gebrauch sich reckende Leine muss öfters nachgemessen, das Glass mit den Sekunden einer Uhr verglichen werden. Fehlerhafte Knotenlängen sind umzuändern, sonst ist das ermittelte Resultat rechnerisch zu verbessern.

Trotz alledem bleibt das Loggen immer noch ungenau, da die Leine keine mathematische Linie bildet. Vor allem aber wird die in nur 15 Sekd. ermittelte Schnelligkeit für die ganze Stunde als gleichbleibend und gültig angenommen. Findet nun augenscheinlich eine Ab- oder Zunahme des Windes, mithin der Fahrt des Schiffes statt, so ist man auf Schätzung von Korrektionen angewiesen. Mehr oder minder geschicktes Steuern, längere oder kürzere Zickzackwege sind natürlich ebenfalls von Bedeutung für sichere Fahrtbestimmung; nicht weniger auch, ob die See von hinten läuft und das Loggbrettchen dem Schiffe nach treibt oder umgekehrt.

Wegen aller dieser Mängel der „Handlogge“ bürgern sich die sogen. „Patentloggen“, namentlich auf Dampfern immer mehr ein. Diese Apparate beruhen auf demselben Prinzipe, welches dem Woltmannschen Flügel und dem Schalenkreuz für Strom- bezw. Wind-Geschwindigkeitsmessungen zu Grunde liegt.

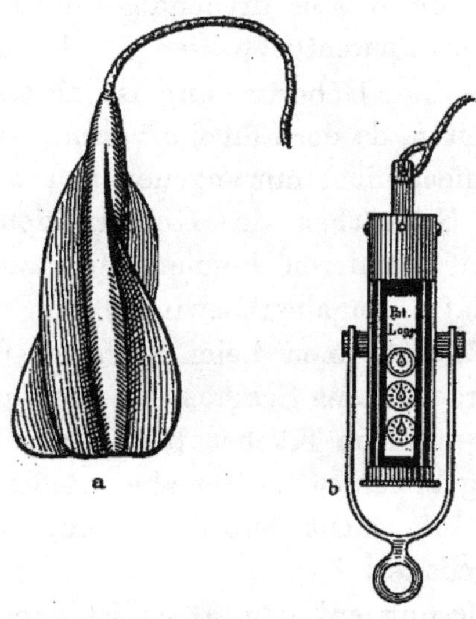

Fig. 15 a b. Die Patentlogge.

Zwei unter einem bestimmten Winkel dem Stosse des Wassers ausgesetzte Flügel drehen eine Achse, die wiederum ein Zählwerk, auf dem man direkt Bruchteile, ganze, Zehner u. s. w. Seemeilen ablesen kann, in Bewegung setzt.

Da man jedoch nicht weiss, bis zu welcher Genauigkeit der Verfertiger die Prüfung seiner Musterinstrumente, nach denen er die anderen arbeitet, ausgedehnt hat, muss man die „Patentlogge“ bei verschiedenen

Geschwindigkeiten selbst ausprobieren. Bei einigen älteren Apparaten ist Flügel- und Zählwerk starr verbunden, die Logge muss daher zum Ablesen und Neueinstellen aus dem Wasser an Deck aufgeholt werden.

Neuere Instrumente dagegen haben ein auf dem Heck des Schiffes befestigtes Zifferblatt, die Verbindung mit dem sich im Wasser drehenden Flügel ist dann vermittelst einer „patentgeflochtenen“ Leine hergestellt. Aber gerade diese Uebertragung ist die Quelle mancher Ungenauigkeiten, da der Flügel oft dreht, die Leine jedoch die Rotation noch nicht mit angenommen hat. Ausser ursprünglichen Schwächen der Konstruktion, Abnutzung, mangelhaftem Schmieren können noch andere Hindernisse fehlerhafte Angaben bewirken.

Die Flügel können beim Einholen durch Stossen verbogen werden, durch Seegras, Fischerei-Gerätschaften, über Bord geworfene Küchenabfälle oder Hobelspähne eine Zeit lang klemmen, später aber wieder frei werden, so dass man oft nicht festellen kann, wie lange das Stillestehn gedauert hat.

Die Ablesung auf dem Heck ist dagegen sehr bequem, namentlich, wenn das Zifferblatt sechzigstel Meilen abzulesen gestattet. Man kann dann jederzeit die Fahrt dadurch bestimmen, dass man zählt, wieviel $^1/_{60}$ sm in der Minute, $^1/_{60}$ Stunde, zurückgelegt werden dann macht man in der vollen Stunde ebensoviel ganze Seemeilen. Sonst addiert das Zählwerk natürlich alle Umdrehungen selbstthätig und giebt bis auf konstante Fehler die wirklich zurückgelegte Strecke durchs Wasser an.

Ist aber Strömung vorhanden, so werden Schiff

und Logge beide gleichmässig über den Grund versetzt. Um nun zu wissen, wieviel das Schiff weiter kommt, kann man bei geringen Tiefen die sogenannte Grundlogge anwenden. Man bindet statt des Sektors ein Handlot an die Leine und verfährt wie beim gewöhnlichen Loggen. Man lotet zuerst die Wassertiefe, lässt eine bestimmte Strecke der Leine als Vorläufer über das Heck, dreht das Glass dann und „stoppt", wenn das letzte Sandkorn oben heraus ist. Die Fig. 16 zeigt nun die einfache Berechnung.

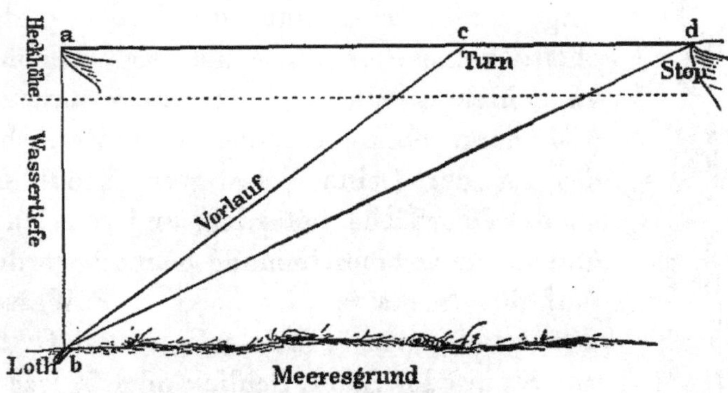

Fig. 16. Anwendung der Grundlogge.

Im Δ abc sucht man ac, im Δ abd Kathete ad. Hat man cd in halben Metern, braucht man nur durch die Sekundenzahl des Glases dividieren, um als Quotienten die Fahrt zu erhalten.

§ 5. Das Lot.

Um die Wassertiefe zu ermitteln, braucht der Seemann im allgemeinen noch dasselbe Instrument und dasselbe Mass, das nach Apostelgeschichte 27 Vers 28 schon vor 2000 Jahren den Schiffern die bedrohliche

Nähe des Landes anzeigte. Als das Fahrzeug, auf dem Apostel Paulus an Bord war, dem Gestade immer näher getrieben wurde, „senkten sie den Bleiwurf ein und fanden 20 Klafter (Faden = 6 Fuss), und über ein wenig von dannen senkten sie abermal und funden 15 Klafter“.

Der genannte „Bleiwurf“ oder das „Lot“ ist noch heute ein Gewicht von langgestreckter konischer Form mit einer Höhlung am Boden, die vor dem Loten mit Talg ausgefüllt wird. Fig. 17 zeigt diesen Hohlraum durch die gestrichelte Linie an. Es sollen sich Teilchen vom Meeresboden an das Fett ansetzen und dann beim Aufholen und Einziehen des an der Leine befestigten Senkbleies an die Oberfläche befördert und vom Navigateur zur Ortsbestimmung benutzt werden. Auf den Seekarten ist neben der Wassertiefe ganz genau verzeichnet, wo der Grund aus Stein oder Sand, Schlick oder Muscheln u. s. w. besteht.

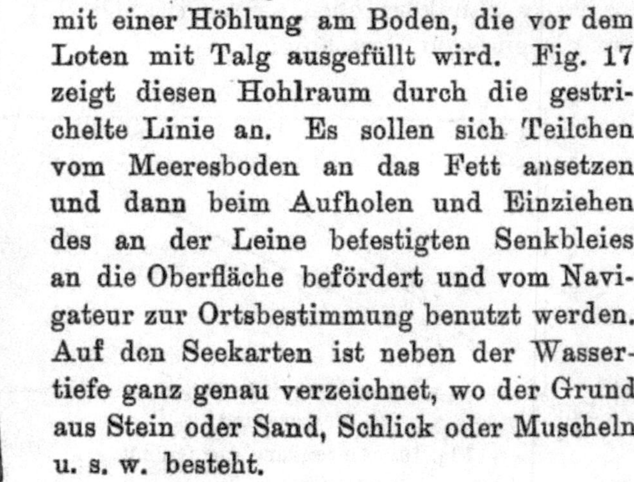

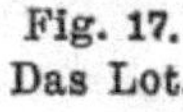

Fig. 17. Das Lot.

Je nach Zunahme der Tiefe benutzt man Hand-, Mittel- oder Gross-Lot von ungefähr 5, 12 oder 30 kg Gewicht.

Bei aussergewöhnlichen Tiefen genügt aber dies ebenso einfache, wie alte Verfahren nicht mehr. An Stelle der Leine tritt dann polierter Stahldraht, das Bleilot wird durch schwere, ringförmige Eisengewichte, die mit zunehmender Tiefe vermehrt werden können, ersetzt. Der Sink-Körper wird unten am Grunde durch geeignete Vorrichtungen ausgelöst, so dass man nur den Draht wieder einholen braucht.*)

Während man beim gewöhnlichen Loten mit der Leine in der Hand fühlen kann, ob und wann das Lot den Boden berührt, ist dies bei grossen Tiefen nicht mehr möglich. Man schiebt eine federnde Klammer mit Luftsack auf die Leine und kann die gelotete Tiefe dann leicht ablesen, weil die Feder den Schwimmer, der an der Wasseroberfläche bleibt, genau an derselben Stelle der Leine festhält. Obwohl, wie bereits erwähnt, bei sehr grossen Tiefen dünner Draht angewandt wird, zieht sein Gewicht mit dem des Lotes zusammen noch immer, wenn letzteres den Boden schon lange erreicht hat. Um diesen Moment dennoch feststellen zu können, hat man Lotmaschinen mit Registriervorrichtungen konstruiert. Diese ermöglichen zu beobachten, wann plötzlich bedeutend weniger Meter in der Minute auslaufen, als vordem.

Da solche Tiefseelotungen nur von Vermessungsschiffen ausgeführt werden und in der gewöhnlichen Praxis nicht vorkommen, sollen sie nur angedeutet, nicht ausführlicher beschrieben werden.

Wohl aber hat man auf Handelsdampfern den Draht und die Lotmaschine vielfach eingeführt, da die Hanfleine dem schnellen Sinken grossen Widerstand bietet. Bei ziemlicher Tiefe und rascher Fahrt gelangt der die Leine haltende Steuermann sonst früher an die Stelle der Meeresoberfläche, an welcher das Lot

---

*) Näheres sowie Abbildg. Dr. Siegm. Günther, Phys. Geogr. Nr. 26 dieser Sammlg. S. 77 u. 78.

vom Vorderschiffe über Bord geworfen wurde, als das Senkblei den Boden erreicht hat.

Aus diesem Grunde musste man bei dem alten Verfahren das Schiff erst ausser Fahrt bringen, wenn man bei Tiefen von 30—50 Faden eine sichere Lotung vornehmen wollte. Dies war auf Segelschiffen aber sehr umständlich, kostete Zeit, ermüdete die Mannschaft und machte, wenn Strömung vorhanden, die Fahrtrechnung unsicher.

Deshalb führte man die Lotmaschinen ein, welche ein Loten in voller Fahrt gestatten. Man befestigt an Draht oder Leine oberhalb des Lotes eine durchlöcherte Messinghülse, in der sich eine unten offene, ungefähr 40 cm lange Glasröhre von der Dicke eines schwachen Bleistiftes befindet. Die Glasröhre ist innen mit chromsaurem Silber überzogen, das sich bei Benetzung durch Salzwasser entfärbt. Letzteres wird in der Röhre um so höher aufsteigen, je mehr der Druck der darüber stehenden Wassersäule zunimmt. Denn nach dem Mariotteschen Gesetze steht das Volumen der Luft im umgekehrten Verhältnisse zu der Grösse des auf ihr lastenden Druckes.

Auf einem beigegebenen Maassstabe kann man direkt die Tiefen in Faden oder Metern ablesen.

Vereinzelt sind auch Lotvorrichtungen in Gebrauch, die wie die Patentloggen durch Flügelumdrehungen beim Sinken eine hier senkrecht gestellte Achse in Bewegung setzen und Faden, Meter oder Fuss durch ein Räderwerk registrieren. Beim Aufziehen des Lotes hemmt ein Sperrhebel, der während des Sinkens durch den Wasserwiderstand nach oben gedrückt wurde, die Flügelschraube am Rückwärtsdrehen.

§ 6. Der Sextant.

Wegen der fortwährenden Schwankungen des in Fahrt befindlichen Schiffes ist der Theodolit, sowie jedes, eine feste Aufstellung heischende Instrument an Bord zum Winkelmessen nicht verwendbar. Denn während man zur Bestimmung des Unterschiedes zweier Richtungen nach Ablesung der ersten die zweite einstellt, hat sich das Schiff möglicherweise bereits um mehrere Grade gedreht. Man ist also niemals sicher, dass die Einstellung des ersten Schenkels noch vorhanden ist, wenn man den zweiten ablesen will. Ebenso wenig kann man mit einem fest aufzustellenden Instrumente an Bord vertikale Winkel messen, da die stets veränderliche Neigung des Decks gegen den Horizont jedes Nivellieren unmöglich macht. Deshalb wendet man auf See ausschliesslich sogenannte „Spiegelinstrumente“ an, welche dem Beobachter ermöglichen, beide Gegenstände, deren horizontaler oder vertikaler Richtungsunterschied gefunden werden soll, gleichzeitig zu sehen.

Einfachere Apparate dieser Art nennt man Octanten, feinere und zugleich grössere Winkel messende heissen Sextanten.

Die Theorie der Spiegelinstrumente ist folgende: Um den Mittelpunkt eines Holz- oder Metallsektors wird mit der Hand, bezw. Feinschraube ein Radius, die Alidade*), gedreht.

---

*) Anmerkg. Nach Prof. Zöppritz ist „Alidade“ (arabisch al-'idâda) zu buchstabieren, denn der arabische Kehllaut a'in, der oben durch den Apostroph ausgedrückt wird, pflegt im Deutschen gewöhnlich ganz weggelassen und nur ausnahmsweise durch h wieder-

An der Alidade ist ein Spiegel g angebracht, dem wiederum ein kleinerer k gegenüber gestellt ist. Letzterer wird so am Sektor befestigt, dass die einander zugekehrten Vorderflächen von k und g genau parallel sind, wenn der am Ende der Alidade befindliche Zeiger oder „Index“ Null auf dem geteilten Gradbogen angiebt.

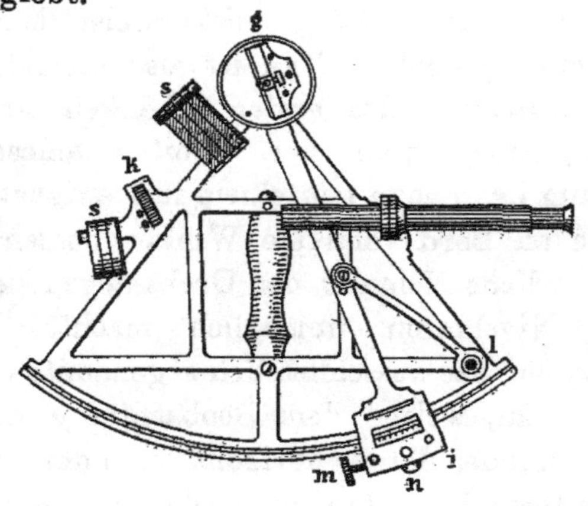

Fig. 18. Der Sextant.

Nun wird ein leuchtender Punkt s auf folgendem (Um-)Wege vom Auge a erblickt: s g k a.

Zu gleicher Zeit sieht man s auch direkt von a aus in der geraden Richtung a k s. Diese auf Fig. 19 gebogen erscheinende Linie ist in Wirklichkeit ge-

---

gegeben zu werden. Aehnlich auch „Azimut“, arabisch as-samt, die Gegend oder der Punkt des Horizontes, sowie auch der vom Scheitelpunkte nach ihm gezogene Kreis. „Zenit“, ist dasselbe Wort ohne den Artikel, heisst aber vollständig samt-ar-râs, die Gegend des Kopfes, d. h. der Scheitelpunkt am Himmel. Das h, welches den beiden Worten am Schlusse meistens angefügt wird, entstammt vielleicht dem Umwege durch das Französische. Zeitschrift für Vermessungskunde 1888, Heft 12.

rade und parallel s g, wenn s nur weit genug vom Beobachter entfernt gewählt wurde.

In der gewöhnlichen seemännischen Praxis handelt es sich nämlich nur um Winkel zwischen soweit vom

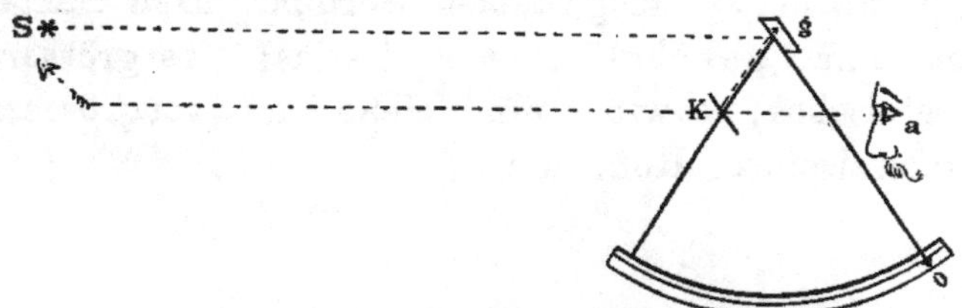

Fig. 19. Weg des Lichtstrahles zum Auge.

Messenden abliegenden Gegenständen, dass die Linien s g und s k ohne weiteres als parallel angesehen werden dürfen. Da der senkrechte Abstand des grossen Spiegels g vom kleinen k ungefähr 4 cm beträgt, so bilden diese Linien bei Abständen von 2000 m an nur noch einen Winkel von wenigen Sekunden. Eine „Spiegelparallaxe“ braucht für die mit Sextanten überhaupt erreichbare Genauigkeit deshalb für unsere Zwecke nicht berücksichtigt werden.

Von a aus sieht man an dem kleinen Spiegel (3 × 2 cm) vorbei Punkt s direkt neben, unter oder über seinem Spiegelbilde. Um diese Beobachtung zu erleichtern, ist der kleine Spiegel k

Fig. 20.
Der kleine Spiegel des Sextanten.

nur bis zur halben Höhe mit Quecksilber hinterlegt, die obere Hälfte durchsichtig gelassen.

Behufs Erreichung grösserer Genauigkeit kann das Instrument statt mit einfacher Absehvorrichtung mit einem Fernrohr ausgestattet werden. Den Sextanten giebt man gewöhnlich ein dreimal vergrösserndes terrestrisches, sowie ein siebenmal vergrösserndes astronomisches Rohr mit.

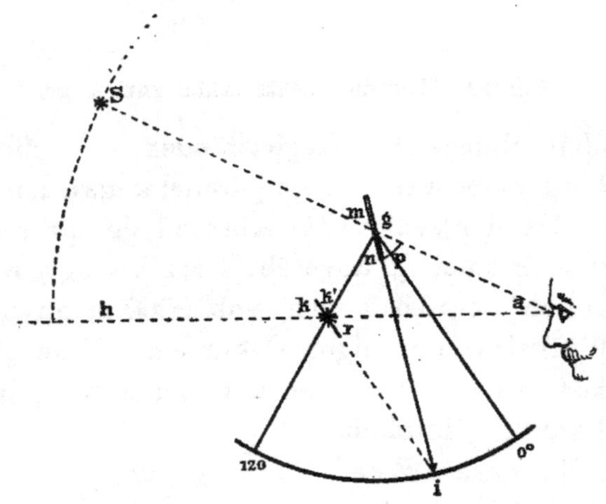

Fig. 21. Höhenmessung.

Soll nun die Höhe eines Sternes s über dem Horizonte gemessen werden, der Bogen Sh, so muss die Alidade gi bei senkrechter Haltung des Instruments von 0° vorwärts nach 120° zu gedreht werden. Der Index rückt auf dem Gradbogen oder Limbus soweit vor, bis der leuchtende Punkt s wiederum den Weg sgka bis zum Auge zurücklegt. Der Beobachter sieht demzufolge Stern s in der Richtung ah d. h. am Horizonte. Der Bogen 0°i, über welchen der Index hinweggeführt wurde, ist gleich dem halben gemessenen Winkel sah, hier also gleich der halben Sterns-Höhe über dem Horizonte. Da bekanntlich Ein- und Ausfalls-, sowie Scheitelwinkel einander gleich sind, ist in Fig. 21:

$$\begin{array}{l} < m = n \\ < m = p \\ \hline < m = n = p \text{ und } < k = r = k' \end{array}$$

Der Aussenwinkel zu Δ kga

$$< k + k' = 2k' = a + n + p = a + 2n$$

$$< k' = \frac{a}{2} + n$$

Ferner als Aussenwinkel zu Δ kgi

$$< k' = n + i = \frac{a}{2} + n$$

$$\text{mithin } < i = \frac{a}{2} = \frac{sah}{2}$$

Um nun die stete Multiplikation der gemessenen Winkel mit 2 zu ersparen, haben die Mechaniker die halben Grade gleich als ganze bezeichnet. Dadurch kann man nun auf dem Sextant, dem Sechstelkreis von 60°, Winkel bis zu 120°, auf dem Oktanten bis 90° messen und ablesen. Da man ausserdem den kleinen Spiegel und die Visiervorrichtung d. h. den Fernrohrträger etwas ausserhalb des eigentlichen Sektors anbringt, kann man noch grössere Messungen ermöglichen, namentlich, wenn man dann das Fernrohr dem grossen Spiegel näherrückt und seine optische Achse fast senkrecht auf die Spiegelebene ki in Fig. 21 stellt. Letzteres hat jedoch keine grossen Vorteile, da Winkel über 120° schwerer zu messen sind und selten gebraucht werden.

Das Gerippe des Instrumentes darf nicht zu schwer sein, um den Beobachter nicht zu ermüden. Bei zu leichtgebauten Instrumenten liegt aber wieder die Gefahr des „Durchbiegens“ nahe, wodurch eine fortwährende Aenderung der Index-Korrektion in verschiedenen Lagen des Sextanten entstehen kann.

Die Teilung des Gradbogens bei hölzernen Oktanten ist auf Elfenbein, bei Sextanten auf Silber ausgeführt. Aeltere Metall-Instrumente mit daraufgeschraubten Elfenbeingradbogen sind wegen der verschiedenen Ausdehnung beider Stoffe mit Misstrauen zu betrachten und sorgsam auf Index Berichtigung zu prüfen, da sie oft und unregelmässig ändern wird.

Gute und genaue Teilung ist für die Brauchbarkeit des Sextanten in erster Linie massgebend. Bei einem Radius von 180 mm wird der Bogen des Sechstelkreises nach bekannter Formel 188 mm lang. Auf dieser Strecke sind nach früherer Erklärung 120 ganze Grade einzuschneiden. Da man aber jeden Grad auf dem Sextantenlimbus wiederum in sechs Teile zu je 10′ teilt, so müssen obige 188 mm in 720 genau gleich grosse Teile geteilt werden. Jeder Millimeter des Gradbogens muss also mit vier, genau in gleichem Abstande von einander eingeschnittenen Linien von grosser Feinheit versehen werden. Diese Genauigkeit genügt aber heutigen Ansprüchen bei weitem nicht, denn man will einzelne Minuten und sogar deren Bruchteile messen können. Da man die Teilstriche nicht mehr aneinander rücken konnte, nahm man den „Nonius“ zu Hülfe, um feinere Unterabteilungen zu lesen. Diese Vorrichtung ist folgende: Man hat 59 Zehnminutenteile auf einem an dem Index befestigten Silberbogen (Nonius) in 60 einzelne Teile geteilt. Jeder dieser kleineren ist also $^{59}/_{60}$ des Gradbogenteils d. h. 9′50″ gross. Ist 0 auf 0 gestellt, dann muss der erste Noniusstrich 10″ vor dem ersten, der zweite 2 × 10″ u. s. w. vor dem zweiten Gradbogenstriche bleiben d. h. von ihm abstehn. Um dem Auge beim Ablesen einen Ruhepunkt zu bieten, sind die Teilstriche für die Zehner, die ganzen und die halben Grade verschieden lang gemacht sowohl auf dem Gradbogen, wie auf dem

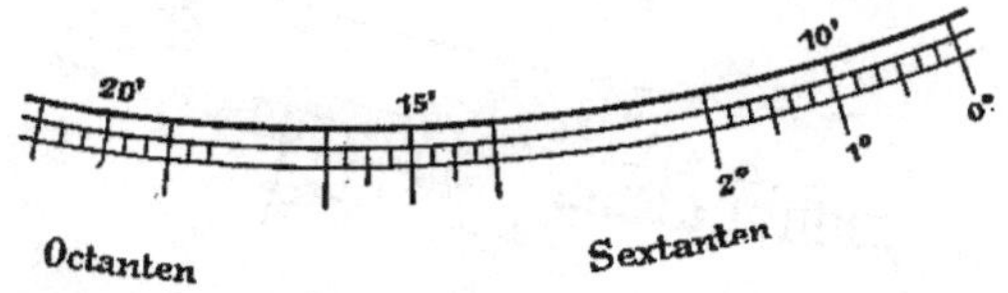

Fig. 22. Verschiedene Teilung des Gradbogens.

Nonius. Bei neueren Sextanten nimmt man, um noch grössere Deutlichkeit zu erzielen, den Noniusteil 10″ kleiner als zwei Gradbogenteile von je 10′, macht ihn also 19′50″ gross. Dieser „erweiterte Nonius“ gestattet ein sehr schnelles und sicheres Ablesen, das durch eine über dem Nonius drehbare Lupe (Fig. 18) noch gefördert wird. Letztere muss jedoch stets senkrecht über dem richtigen Striche stehen, weil man sonst, schief auf den Gradbogen sehend, leicht falsch abliest, namentlich, wenn Nonius und Bogen nicht dicht übereinander liegen.

Zuerst liest man nun den Teilstrich des Gradbogens ab, hinter welchem der 0 Strich des Nonius steht. Da beide selten zusammenfallen werden, muss man nun ermitteln, wieviel Minuten und Teile derselben der Nullstrich des Nonius vom letzten Gradbogenstrich im Sinne der Drehung, von rechts nach links, absteht. Man sucht zu diesem Zwecke die Stelle, an der ein Noniusstrich genau die Verlängerung eines solchen vom Gradbogen bildet. Hat man diesen gefunden, so sieht man, dass der vorhergehende Noniusstrich, rechts vom schneidenden, vor dem Gradbogenstrich stehen muss. Er kann ihn nicht erreichen, da seine Teile kleiner sind, als die des Limbus. Ist nun

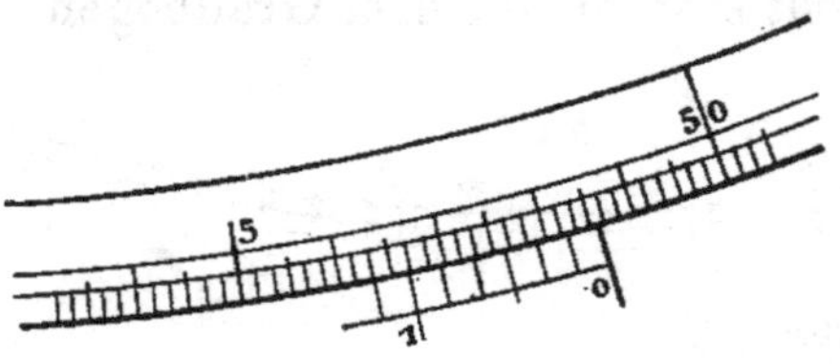

Fig. 23. Ablesung mit Hilfe des Nonius.

der erste 10″, dann ist der zweite 20″ u. s. w. vom benachbarten Teilstriche auf dem Gradbogen entfernt. Es ist also leicht nachzuzählen, dass in der folgenden Abbildung 23 der Nullstrich 7mal 10″ d. h. 1′ 10″ hinter Teilstrich 51° 20″ steht, wenn jeder Grad in sechs Teile zu 10′ geteilt ist. Der abzulesende Winkel ist demnach hier 51° 21′ 10″.

Da auch der letzte Teilstrich des Nonius genau mit einem Gradbogenstriche zusammenfallen muss, wenn Nonius-Null auf irgend einen beliebigen Strich geschoben wird, so lassen sich auch Einstellungen rechts von 0 des Limbus ganz bequem ablesen. Man zählt jetzt, da die Zahlen nunmehr von links nach rechts wachsen, den Gradbogenstrich links von der Null des Nonius und rechnet auf letzterem 10 = 0; 9 = 1; 8 = 2 u. s. w.

Ferner leuchtet ein, dass man durch Einstellung des Nonius auf 5°, 10°, 15° u. s. w. leicht etwaige Ungleichmässigkeiten der Teilung ermitteln kann, wenn man die wachsenden Abstände der Nonius- und Limbusstriche von einander sorgsam verfolgt.

Vor Allem hat der Verfertiger grosse Sorgfalt auf die richtige und genaueste Bohrung für die Alidaden-Achse zu verwenden. Denn liegt der Drehpunkt dem Gradbogen näher, als dessen eigentlicher Mittelpunkt, so dreht man um den grösseren Winkel obi, liest aber den kleineren ∢ ogi ab; bei entgegengesetztem Bohrungsfehler natürlich umgekehrt.

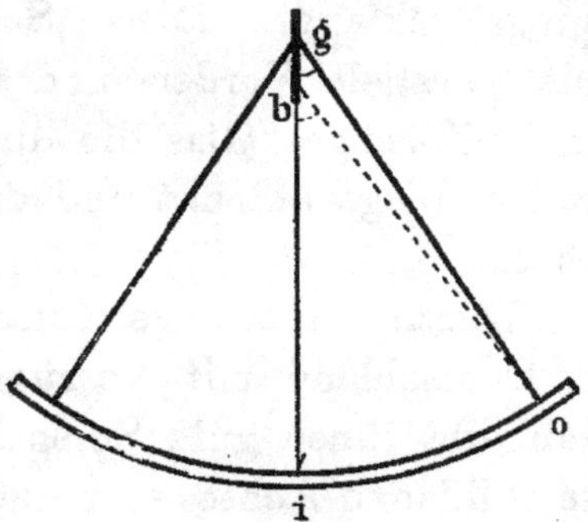

Fig. 24. Exzentrizitätsfehler.

Dieser früher sehr häufige und grosse „Exzentrizitäts-Fehler“ ist für grössere und kleinere Winkel von verschiedenem Werte, fälscht natürlich jede Messung und muss daher vor dem Gebrauche des Instrumentes sorgfältig bestimmt werden. Alle dazu geeigneten Methoden sind sehr umständlich und zeitraubend, teils auch für den Anfänger, wegen mangelnder Uebung im Messen, zu schwierig. Deshalb kaufe und benutze man nur von der Seewarte geprüfte Exemplare und verlange das Attest über die vorgenommene Untersuchung. Das Institut, welchem die Nautiker u. a. eine grossartige Besserung ihrer Instrumente verdanken, sieht zuerst die Spiegel sorgfältig nach. Ihre Flächen, ebenso die der Schattengläser, müssen vollkommen plan, Vorder- zu den Hinterseiten parallel geschliffen sein. Denn unebene Spiegel und Gläser geben verzerrte Bilder, nicht parallele Spiegelflächen aber Doppelränder (bei ⊙ und ☾), oder sogar zwei getrennte Bilder (bei * *).

Um sich beim Messen die Augen nicht zu blenden, werden nämlich verschiedene farbige Gläser vor die Spiegel geklappt. Diese „Schattengläser“ müssen ebenfalls parallele Vorder- und Hinterflächen besitzen, da ein keilförmiges Glas die durchgehenden Strahlen vom graden Wege ablenkt und dadurch falsche Winkel verursacht.

Durch die strenge Kontrolle der Seewarte sind wir in Deutschland mit vorzüglichen Sextanten versehn. Man gibt ihnen gute Spiegel und Gläser und zentriert die Alidaden-Achse so vorzüglich, dass grosse Exzentrizitätsfehler bei guten Firmen selten geworden sind.

Trotz der wertvollen Unterstützung der Seewarte kann der Navigateur einer genauen Kenntnis der Fehlerquellen seines Instrumentes nicht entraten, denn er muss sie sehr oft selbst bestimmen und beseitigen.

Zuerst hat er dann darauf zu achten, dass die beiden Spiegel senkrecht auf der Ebene des Sektors stehn. Den grossen Spiegel richtet er vermittels kleiner, am oberen Rande, genau wie in Fig. 20, angebrachter Schrauben, bis der Gradbogen und sein Spiegelbild in eben diesem „grossen Spiegel“ eine ungebrochene gerade Linie bilden. Schraube a und b.

Der kleine Spiegel wird durch ähnliche, in Fig. 20 sichtbare, Schraubvorrichtung am oberen Rande dem grossen in dieser Richtung parallel, also auch senkrecht zur Instrumentenebene gestellt. Dies ist der Fall, wenn ein Stern mit seinem Spiegelbilde genau zur Deckung gebracht werden kann. Man bewegt bei senkrechter Haltung des Sextanten die Alidade um die Null rück- und vorwärts. Nimmt man zu dieser Prüfung die Sonne — Schattengläser vorklappen! —, so muss man die Schrauben oben am Spiegel so lange brauchen, bis man keinen zweiten Sonnenrand mehr hinter dem direkten Bilde hervorstehn sieht.

Hat man dies erreicht, so sollte auch 0 Nonius auf Null Gradbogen stehn, wenn das Instrument keine Index-Korrektion besitzt. Dies wird jedoch die Regel sein. Deshalb stellt man mit der Feinschraube m (Fig. 18) am Limbus Null ein und sieht wiederum nach der Sonne. Hier stehn jetzt zwei Ränder übereinander, diese sind zu vereinigen durch Anziehen oder Lösen der am Seitenrande des kleinen Spiegels sitzenden Schraube c. Der Sextant zeigt nunmehr richtig, bedarf aber vor jeder Messung, bei der es auf Genauigkeit ankommt, einer erneuten Prüfung der Index-Korrektion. Denn Wärmeunterschiede bringen stets kleine Veränderungen in der Spiegelstellung hervor. Unbeträchtliche Abweichungen werden bestimmt und in Rechnung gezogen, da man nicht zu häufig an den feinen Messing-Gewinden herumhantieren soll.

Auch die Fernrohrstellung parallel zur Sextantenebene ist sorgsam zu prüfen. Nach bekanntem optischen Gesetze muss der mit richtig stehendem Fernrohr gemessene Winkel kleiner als ein bei geneigter Stellung desselben bestimmter sein. Der die Sextantenebene durchdringende Träger wird im oberen Teile aus zwei parallelen, dicht nebeneinander sitzenden Ringen, deren einer mit Gewinde versehen ist, hergestellt. Beide Stücke werden durch eine Schraube oben und unten zusammengehalten und können durch Lösen oder Anziehen der einen oder andern genähert und entfernt werden; ein Dorn in der Mitte — das schwarze Dreieck in Fig. 25 — verhindert das Klappern. Man probiert so lange mit den Schrauben, bis man mit einer gewissen Fernrohrstellung denselben Winkel am kleinsten misst. Um sichere Messungen zu erzielen, muss man stets Bilder von gleicher Lichtstärke haben. Dies erreicht man durch Hinauf- oder Hinunterschrauben des Fernrohrträgers. Man sieht dadurch mehr in den unbelegten, bezw. Quecksilberteil des kleinen Spiegels, hat also entweder das direkte oder das doppelt reflektierte Bild lichtstärker.

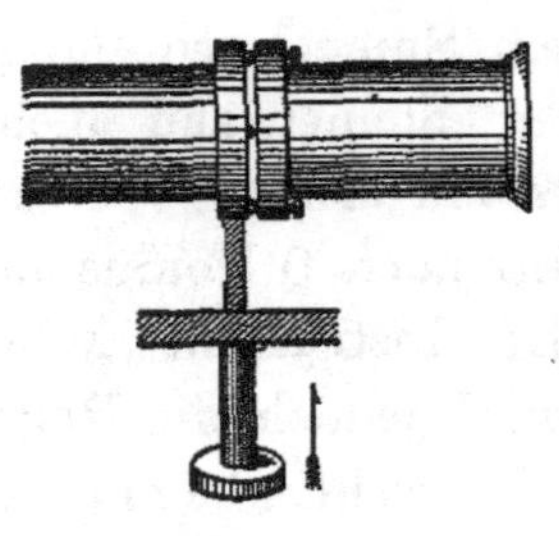

Fig. 25.
Fernrohr des Sextanten.

Nur grosse Uebung, Ruhe und Veranlagung geben geschickte Beobachter. Manche gute Rechner bleiben mittelmässige Observatoren. Anfänger können nicht genug darauf hingewiesen werden, dunkle Blendgläser zu brauchen, denn zu grelle Bilder vereiteln sichere Messungen und schwächen die Augen ganz erheblich.

Auf See misst man fast ausnahmslos Höhen über dem Gesichtskreis, der „Kimm". Selten wird man seine Zuflucht zu einem „künstlichen Horizonte" nehmen können. Letzterer wird durch Ausgiessen einer dunkeln und dadurch gut spiegelnden Flüssigkeit: Theer, Tinte, Rotwein, Oel u. s. w. auf einem recht flachen, vorher angeblakten Teller hergestellt.

An Land braucht man statt dessen ein mit Marienglasdach versehenes Gefäss mit Quecksilber oder bei windigem Wetter eine polierte Achat- oder

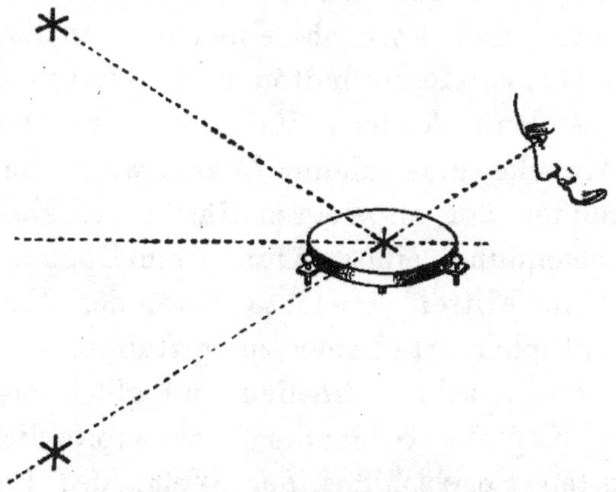

Fig. 26. Künstl. Horizont.

Glasplatte, die natürlich mit Hilfe der Wasserwage und Stellschrauben horizontal gestellt werden muss.

Die über dem künstlichen Horizonte gemessenen Höhen sind nach Anbringen der Index-Verbesserung zu halbieren, weil das in der spiegelnden Flüssigkeit erscheinende Bild ebenso tief unter dem Horizonte erscheint, als es über demselben steht.

Mit der zunehmenden Geschwindigkeit der Schiffe

wächst auch die Notwendigkeit, den Schiffsort öfters zu bestimmen. Man hat deshalb sehr oft helle Fixsterne für die Messungen zu benutzen. Die Höhen derselben werden aber ungenau, wenn die Kimm nachts nicht recht deutlich erkennbar ist. Deshalb hat man solche Beobachtungen in der Dämmerung vor Auf- oder nach Sonnenuntergang anzustellen. Seit Jahrzehnten sucht man den Seemann ausserdem gewissermassen vom Horizonte unabhängig zu machen durch Herstellung von Instrumenten, welche durch kleine Pendel unter dem Fernrohr einen dünnen Draht wagerecht im Gesichtsfelde halten und dadurch die Kimm ersetzen sollen. Andere Konstrukteure wenden zu diesem Zwecke eine kleine Wasserwage an. Durch Wegschneiden der unbelegten Hälfte des kleinen Spiegels, Anwendung eines Aluminium-Doppel-Fernrohrs und ähnliche Mittel versuchte man, den Horizont bei Nacht deutlicher erkennbar zu gestalten.

Der durch seine schnellen und glücklichen Reisen bekannte Kapitän Hilgendorff, augenblicklich Führer des grössten Segelschiffes der Welt, des Fünfmasters „Potosi“, hat kürzlich, durch seine eigene Praxis dazu veranlasst, den kleinen Spiegel seiner Instrumente um mehr als das Doppelte vergrössert und versucht, die Kimm auf diesem Wege besser wahrzunehmen.

Bei Oktanten sind, wie anfangs schon angedeutet, alle Verhältnisse viel einfacher und infolge dessen auch übersichtlicher.

Vollkreise werden auf Kauffahrern wohl nur ausnahmsweise aus persönlicher Liebhaberei des Besitzers benützt, sind auch bei der heutigen Güte der Sextanten für den gewöhnlichen Gebrauch überflüssig, teuer und gewichtig.

§ 7. Das Chronometer.

Das Chronometer ist eine sehr genau gearbeitete Federuhr, die in einem doppelwandigen, gepolsterten Kasten, gegen Temperatur-Einflüsse möglichst geschützt, in den bekannten Doppelringen schwingend, aufbewahrt wird. Der Standort soll so gewählt werden, dass die Schiffsschwankungen, Erschütterungen durch Bearbeitung der Ladung, den Gang der Maschine u. s. w. thunlichst gering einwirken.

Fig. 27. Schiffs-Chronometer

Das Chronometer zeigt annähernd die Zeit des 0ten Längengrades, d. h. bei den meisten seefahrenden Nationen die des Meridians von Greenwich. Durch Vergleichung dieser Chronometer- bezw. daraus abgeleiteten Gr.-Zeit mit der aus Gestirns-Beobachtungen ermittelten Schiffszeit findet der Seemann die geographische Länge.

Da sich die Erde in 24 Stunden um ihre Achse in der Richtung von West nach Ost dreht, müssen in jeder Stunde 15 Längengrade den Meridian passieren. Zwei Orte, welche demnach 1, 2, 3 u. s. w. Stunden Zeitunterschied haben, liegen also 15, 30, 45 Grad in Länge von einander entfernt, und zwar der Ort mit der grösseren Zeit östlicher, mit der kleineren westlicher, weil jener durch die Achsendrehung stets der Sonne zuerst entgegengeführt wird.

Die Unruhe des Chronometers, das Schwungrad der Spirale, besteht aus einem Stahlrädchen mit ebensolcher, flachen Speiche. Damit sich ihr Umfang bei Temperaturschwankungen nicht ändert, ist derselbe aus zwei Metallen verschiedener Ausdehnungsfähigkeit zusammengesetzt. Aussen um den Stahlring herum ist nämlich ein solcher aus Kupfer gelegt, die Peripherie dann auf jeder Seite der Stahlspeiche einmal durchschnitten und über jedes Ende der beiden Halbreifen ein kleines Gewicht a und b gestreift.

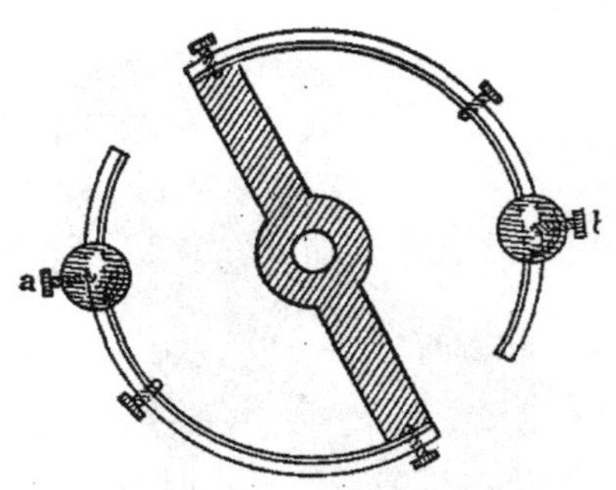

Fig. 28. Chronometer-Unruhe.

Stahl dehnt sich nun bei Wärmezunahme um $^1/_{807}$, Kupfer dagegen zur selben Zeit um $^1/_{582}$ seiner Länge, also mehr aus. Dadurch wird, da das Kupfer aussen sitzt, eine Krümmung der Halbkreise nach innen zu bewirkt. Die Unruhe würde in nicht durchschnittenem Zustande nach physikalischem Gesetze ihren Umfang vergrössern, langsamer schwingen und dadurch den Gang der Uhr verzögern. So aber rücken die nach innen biegenden Gewichte a und b den Schwerpunkt wieder dem Schwingungszentrum näher, wenn die Erwärmung ihn entfernt. Gelingt es dem Verfertiger, die Masse so einzurichten, dass beide Bewegungen sich genau ausgleichen, so ist die „Kompensation“ des Chronometers wohl gelungen, das Instrument vorzüglich.

Auch nach dieser Richtung hin entfaltet die Seewarte ihre fruchtbringende Thätigkeit, untersucht in einem eigends dazu erbauten Institute die eingelieferten Instrumente in Temperaturen von 5—30° C. ungefähr 3 Monate lang und veröffentlicht dann die Resultate dieser „Konkurrenz-Prüfung von Marinechronometern“.

Nach Beendigung der neunzehnten Untersuchungsreihe wurde die aussergewöhnlich grosse Anzahl von 16 Chronometern seitens der Kaiserlichen Marine und zwei von astronomischen Observatorien angekauft; ein Zeichen, dass diese Industrie im stande ist, ganz ausserordentlich brauchbare Instrumente herzustellen und zu dieser gewiss gründlichen Probe einzusenden.

Jedoch trotz aller Vorsicht bei Anfertigung und Behandlung wird ein Chronometer niemals absolut genau gehen, sondern immer eine kleine Abweichung von der richtigen Gr.-Zeit aufweisen. Dieser „Chronometerstand“ wird bei uns in nautischen Rechnungen immer mit demjenigen Vorzeichen benannt, mit welchem er an die vom Chronometer abgelesene Zeit angebracht werden muss, um genaue Gr.-Zeit zu erhalten. Ebenso bezeichnet man den „täglichen Gang“, d. h. die Anzahl Doppelschwingungen, welche die Unruhe mehr oder weniger als 24 mal 60 mal 60 = 86 400 Sekunden macht. Demnach bedeutet Chronometer-Stand — 3 m 16,5 sec., dass Chronometer drei Min. sechzehn und eine halbe Sekunde zu viel, zu früh, zeigt, man hat den Betrag von der am Zifferblatt angegebenen Zeit abzuziehen, der Rest ist dann die Gr.-Zeit.

Täglicher Gang + 2,4 sek. lautet in Worten: Chronometer bleibt in 24 Stunden zwei und vierzehntel Sekunden zurück; dieser Wert ist täglich zuzurechnen.

In vielen Häfen sind „Zeitbälle" errichtet, um an Bord den richtigen Stand und Gang ohne nennenswerte Mühe ermitteln zu können. An weithin sichtbarer Stelle wird ein grosser Ball aufgezogen und genau im Augenblicke des mittleren Gr. Mittags von einer Sternwarte her elektrisch ausgelöst und fallen gelassen. Ort, Zeit und Fall werden dem Seemanne durch geeignete Veröffentlichungen, z. B. jährlich im nautischen Kalender, bekannt gegeben.

Beobachtet der Navigateur nun mehrere Tage hintereinander am Chronometer genau den Moment des Fallens, so kann er aus dem täglichen zu- oder abnehmenden Unterschiede der Chronometerangabe mit der Fallzeit Stand und Gang bestimmen.

Meistens fällt der Ball in europäischen Häfen $0^u\ 0^m\ 0{,}0^{sek.}$ mittl. Gr. = $1^u\ 0^m$ 0,0 Mitteleuropäische Zeit.

Folgende Tabelle veranschaulicht eine derartige Bestimmung:

1900.

Oktober	Zeitball fällt M. Gr. Zt.	Chron. zeigt	Untersch. in 4 Tagen	tägl. Gang
„ 1.	$0^u\ 0^m\ 0.0^{sek.}$	$0^u\ 10^m$ 10,5		
„ 5.	„ „ „	„ 10 13,0	2,5	0,6
„ 9.	„ „ „	„ 10 15,0	2,0	0,5
„ 13.	„ „ „	„ 10 18,0	3,0	0,8
„ 17.	„ „ „	„ 10 20,0	2,0	0,5
			Mittl. tägl. Gg.	0,6

Demnach Chron. Std. i. mittl. Gr. Mttg. 17. Oktob. 1900 — 10 ^{m} 20,0 $^{sek.}$ (zu früh) g. mittl. Gr. Zeit, sein mittl. tgl. Gang — 0,6 $^{sek.}$ (gewinnd.)

Dieser Wert gilt jedoch, streng genommen, nur dann, wenn die mittlere Temperatur während dieser Beobachtungstage annähernd dieselbe geblieben ist. Denn trotz bester Kompensation kann man kein Instrument herstellen, das bei allen Wärmegraden denselben Gang beibehält. Die Seewarte giebt den geprüften Chronometern deshalb eine Gangtabelle für die verschiedenen Temperaturen mit und fordert ihre „Mitarbeiter zur See“ auf, ein Chronometerjournal zu führen und ihr zu Studienzwecken am Ende der Reise wieder einzuliefern.

Längere Untersuchungen haben ferner gezeigt, dass der Gang auf See nicht immer dem am Lande gleich ist. Auch bei guten Instrumenten treten erfahrungsgemäss ab und zu plötzliche Gangänderungen ein, die man sich nicht erklären kann.

Deshalb haben Kriegsschiffe 3 und mehr Chronometer an Bord. Auf Handelsschiffen, selbst bei grossen Postdampfern, sind meistens nicht mehrere vorhanden. Ab und zu kommen zwei, ganz vereinzelt drei vor, wie Verfasser unlängst mit amtlichem Zahlenmaterial nachgewiesen hat.*)

Da bei den ausserordentlich hohen Bausummen der neuen Riesenschiffe Anschaffungskosten für mehrere „Extra“-Chronometer gewiss nicht ins Gewicht fallen, wenn durch den Ankauf die Sicherheit des Schiffes bedeutend erhöht würde, so muss, trotz immer wiederkehren-

*) Hansa, D. naut. Zeitschr. 1896. Nro. 1. ff.

der Forderung nautischer Schriftsteller nach Vermehrung jener „Seeuhren", die Praxis das Bedürfnis danach doch als ein dringendes noch nicht empfunden haben.

Wenn man sich meistens mit einem einzigen Exemplar begnügt, so darf man dies wiederum als einen glänzenden Beweis für die vorzügliche Ausführung und die Zuverlässigkeit der vorhandenen Chronometer, nicht minder aber für die Tüchtigkeit unserer Nautiker betrachten. Man wird auch nicht fehlschliessen, die erreichten Resultate zum grossen Teile der Strenge jener erwähnten Prüfungen mit zuzurechnen.

Denn erstlich spornte den Verfertiger der Ehrgeiz des Künstlers, zweitens aber eröffnete sich ihm die Aussicht, ein „vorzüglich" befundenes Chronometer zu einem ungewöhnlich günstigen Preise verkaufen zu können.

§ 8. Das Barometer.

Das Barometer, dieser wichtige und unentbehrliche Ratgeber des Schiffers, unterscheidet sich äusserlich in keiner Weise von modernen Landinstrumenten. Natürlich pendelt das lange Quecksilberrohr an Bord ebenfalls in cardanischer Aufhängung und wird oft noch durch dämpfende Spiralen an zu grossen Ausschlagbewegungen gehindert. Die braunen Mahagoni-Gehäuse mit sauberem Messingbeschlag haben den nüchternen, aber grössere Haltbarkeit versprechenden Stahl-Behältern Platz gemacht.

Die innere, eigentliche Quecksilberröhre ist bei den Seebarometern, wie die Abbildung b zeigt, aus mehreren Glasenden verschiedener Weite zusammengeschmolzen, um das „Pumpen" zu vermindern. Dieses lästige schnelle Auf- und Absteigen der Quecksilbersäule bei starkem Stampfen und Schlingern des Schiffes erschwert sonst, oder vereitelt auch wohl ganz und gar eine genaue Ablesung. Deshalb verengt man das Rohr, gewinnt allerdings einen ziemlich ruhigen Stand, verzögert aber das Einstellen des Quecksilbers bei Aenderungen des Luftdrucks dadurch bedeutend.

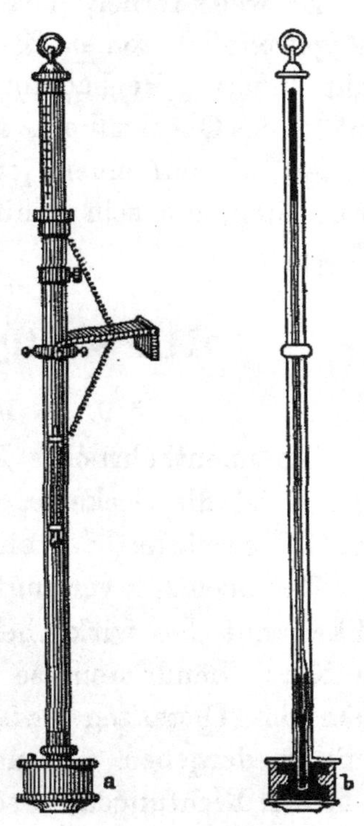

Fig 29 a und b.
Das Barometer.

Für den Seemann kommt es aber in der Regel gerade viel mehr darauf an, schnell die Grösse der Luftdruckschwankungen, als die absolute Höhe der Quecksilbersäule zu erkennen. Aus diesem Grunde giebt er oft dem weniger genauen, aber rascher die Differenzen anzeigenden Aneroid-Barometer den Vorzug.

Letzteres lässt sich auch überall gut anbringen, nimmt fast gar keinen Platz weg und ist, flach an der Wand, viel weniger unvorsichtigen Stössen und Beschädigungen ausgesetzt, als die stangenähnlichen, schwingenden Quecksilber-Barometer.

Aus den Lehren der Meteorologie*) weiss der Seemann nun die ungefähre mittlere Grösse des Luftdrucks über diesem oder jenem Meeresteile. Aus Abweichungen seines beobachteten Standes von jenen Mittelwerten kann er dann Schlüsse auf die Wetterlage ziehn.

Er weiss ferner, dass das Barometer in den Tropen für gewöhnlich seinen Stand jahraus, jahrein fast garnicht ändert. Beobachtet er nun dort ein plötzliches Sinken des Quecksilbers, so muss er sich auf schlechtes Wetter, oft auf einen jener unheilvollen Wirbelstürme vorbereiten, um sein Schiff bei Zeiten nach Kräften zu sichern.

III. Sonstige Hilfsmittel.

§ 9. a. Die Seekarten.

Ein unentbehrliches Hilfsmittel zur sicheren Navigierung ist die Seekarte, die dem Navigateur ein Bild der Erdoberfläche oder eines Teiles derselben giebt.

Der Seemann verlangt von dieser Darstellung Aehnlichkeit mit den wirklichen Verhältnissen, deshalb darf die Karte Länderumrisse nicht verzerrt und muss vor allem die Distanzen zwischen zwei Orten als grade Linie wiedergeben. Ferner soll sie „winkeltreu“ sein, d. h. den Richtungsunterschied, den eine Linie mit den Meridianen der Erde bildet, ebenso gross darstellen.

Früher bildete man, um dies zu erreichen, auf den sogen. „Plattkarten“ kleinere Teile der gekrümmten Erdoberfläche einfach als eben ab, indem man sowohl Längen- wie Breitengrade als gerade Linien einzeichnete.

---

*) Siehe Nro. 54 dieser Sammlung: Trabert, Meteorologie p. 59 ff.

Man erkannte jedoch bald, dass die Eigenschaft der Winkeltreue solchen Verebnungen der Kugeloberfläche nicht zukam.

Diesem Uebelstande half der Geograph Gerhard Mercator (* 5 . 3 . 1512, + 2 . 12 . 1594) durch die nach ihm benannte Projektion ab *).

Mercator zog in seiner 1569 erschienenen „Weltkarte zum Gebrauche der Seefahrer" die Längengrade einander parallel, verbreiterte also die von denselben

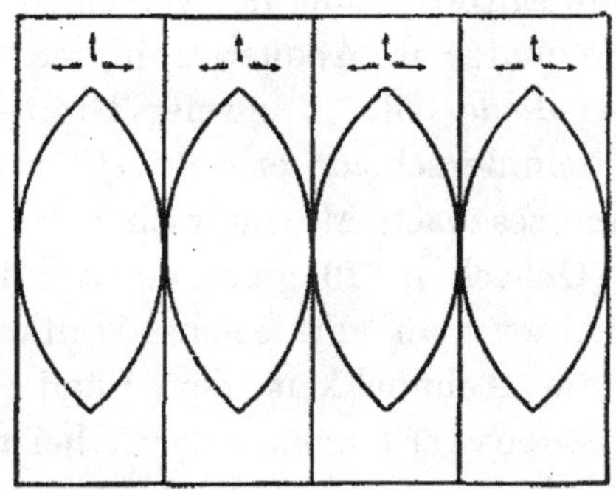

Fig. 30. Mercator's Projection.

eingeschlossenen, nach den Polen spitz zulaufenden sphärischen Zweiecke zu Rechtecken. Um nun die Länderumrisse ähnlich mit den wirklichen zu behalten, musste er natürlich die entstandenen Vierecke im genau gleichen Verhältnisse auch nord-südwärts auseinanderziehn.

Bekanntlich nehmen die Breitenparallele auf der Kugel im Verhältnis des cos der Breite ab. Da Mercator sie aber alle gleich gross liess, hatte er sie mit

*) Man sehe darüber Nro. 30 dieser Sammlung: Gelcich's Kartenkunde p. 76 ff.

dem reziproken Werte des cos, nämlich mit der sec der Breite, multipliziert.

Daraus ergab sich die einfache Notwendigkeit, den Abstand der einzelnen Breitenparallelen ebenfalls mit demselben Faktor, sec Breite, zu multiplizieren, die Breitenunterschiede nach den Polen zu allmählich zu vergrössern.

Um diese Multiplikation zu ersparen, enthalten grössere nautische Tafelsammlungen die „Meridionalteile", d. h. die Entfernungen der verschiedenen Parallelkreise vom Aequator in Aequatorminuten ausgedrückt. Der Unterschied der M. T. zweier Breiten, der „vergrösserte Breitenunterschied", erleichtert das Konstruieren eines Kartennetzes nach Mercatorscher Projektion ganz bedeutend. (Gelcich p. 79 giebt ein ausführliches Beispiel.) Betrachtet man eine solche Weltkarte, so wird man sofort die Aehnlichkeit der Länderumrisse mit denen eines Globus erkennen, z. B. bei Skandinavien so wie bei Arabien. Man findet jedoch ebenso rasch, dass auf der Karte beide Flächen annähernd gleich, auf dem Globus aber, gerade wie in Wirklichkeit, das letztere der beiden Länder Schweden und Norwegen nicht unbeträchtlich übertrifft.

Da Mercator die Flächen nach den Polen zu auseinander gezogen hat — die Polargegenden selbst kann er nicht kartieren —, so muss man in hohen Breiten einen ganz andern, d. h. grösseren Massstab brauchen, als am Aequator und in seiner Nähe. Die Distanz zwischen A und B, die auf verschiedenen NBreiten liegen, wird folgendermassen gefunden: Verbinde beide Orte durch eine Gerade, halbiere dieselbe und trage den Abstand dieses Punktes von seinem nächsten Breitenparallel am eingeteilten rechten oder linken Rande der Karte auf dem Breitenmassstab ab. Von hier aus messe die Hälfte der Linie AB nach oben in den grösseren, die andere Hälfte nach unten, in den kleineren Breitenminuten ab und addiere beide Strecken.

Die gerade Distanzlinie der Mercator-Karte ist auf der Erde doppelt gekrümmt und heisst „Loxodrome“. Sie schneidet alle Meridiane unter demselben Winkel, kann den Pol aber nie erreichen.

Der kürzeste Weg auf der Kugel von A nach B ist aber die „Orthodrome“, der grösste Kreisbogen zwischen beiden Orten.

Auf längeren Fahrten kann man denselben oft mit Vorteil benutzen und muss ihn dann nach den Regeln der sphärischen Trigonometrie berechnen und in die Karte eintragen. Um sich diese etwas umständliche Arbeit zu ersparen, kann man die sogen. gnomonischen Karten, welche den grössten Kreis als Gerade wiedergeben, anwenden. Die vom amerikanischen Wetterdienst monatlich herausgegebenen pilot-charts enthalten auf der Rückseite solche Netze mit genauer Anleitung zum Messen der Distanzen und Ablesen der Kurse, die bei den verschiedenen Längengraden verschieden sind.

An Bord kommen Mercator-Karten in verschiedenem Massstabe vor. Man benutzt Exemplare in der Verjüngung von 1 : 75000 bis 1 : 1 200 000 und Spezialpläne von 1 : 15000 und noch grösser. Auf Nro. 44 der deutschen Admiralitäts-Karte, im zweiten der angegebenen Massstäbe, ist eine Seemeile im Mittel 1,75 mm, während der erste Massstab sie ungefähr

25 mm, Pläne dagegen 120 mm und grösser wiedergeben würden.

Natürlich ist bei Seekarten eine genaue Darstellung des Wassers, d. h. seiner Tiefen und Bodenbeschaffenheit die Hauptsache. Vom Lande sind nur die Küsten ausgearbeitet. Das Hinterland interessiert den Seefahrer nicht, die Innenfläche wird deshalb zu Nebenkarten, Einsegelungsplänen, Ansichten von Leuchttürmen, hervorragenden Landmarken und wichtigen Notizen benützt. Punktierte oder verschieden gestrichelte Linien verbinden die Stellen gleicher Wassertiefen. Die Zahlen geben den Betrag bei Niedrigwasser Springzeit, auf deutschen und französischen Karten in Metern, auf andern in Faden zu 6 Fuss an. Lotet man also bei Hochwasser, so muss man zuerst von der gefundenen Tiefe die aus Tafeln zu entnehmende Fluthöhe, den Unterschied zwischen Hoch- und Niedrigwasser, subtrahieren, um sie mit der Angabe der Karte vergleichen zu können. Einleuchtend ist wohl, dass man zu irgend einer andern Stunde vor oder nach Hochwasser nicht den ganzen, sondern nur einen Bruchteil des „Flutwechsels“ oder „Hubes“ abzuziehen hat.

Man pflegt für die Praxis genau genug die gelothete Tiefe zu kürzen

1 Stunde vor oder nach Hochwasser um $^{15}/_{16}$ des ganzen Hubes

2 Stunden vor oder nach Hochwasser um $^{3}/_{4}$ des ganzen Hubes

3 Stunden vor oder nach Hochwasser um $^{1}/_{2}$ des ganzen Hubes

4 Stunden vor oder nach Hochwasser um $^1/_4$ des ganzen Hubes

5 Stunden vor oder nach Hochwasser um $^1/_{16}$ des ganzen Hubes.

Es bedeutet 250 : bei 250 m wurde noch kein Grund gefunden.

Man soll sich jedoch niemals ganz und gar auf die Richtigkeit der Karte verlassen noch in zu geringe Tiefen gehn. Denn auch bei der sorgfältigsten Vermessung bleiben, sogar in viel benutzten und bekannten Fahrwassern Untiefen geringer Ausdehnung, einzelne Steine u. s. w. lange Zeit unentdeckt.

Schwere Sturmfluten, Eisgang u. s. w. bringen ebenfalls häufig Tiefen- und Rinnen-Aenderungen hervor. Dies lehrt der flüchtige Durchblick einiger Nummern der „Nachrichten für Seefahrer", die das Marineamt wöchentlich herausgiebt. Die Nummern 34—36 von 1897 enthalten z. B. mehr als ein halbes Dutzend neu entdeckter Banken, Riffe u. s. w., geben Kunde von Veränderungen der Leucht- und Leitfeuer und unterrichten den Schiffer über die Verlegung von Fahrwasserzeichen.

Man ersieht daraus, dass der gewissenhafte Navigateur seinen Kartenbestand im eigenen Interesse stets zu berichtigen hat. Damit er aber beim Ankauf neuer Exemplare weiss, bis wann Nachträge und Berichtigungen gemacht sind, stempelt das Reichsmarineamt alle Karten vor der Ausgabe an Käufer mit dem Datum der letzten Korrektur ab. Es ist deshalb am vorteilhaftesten, nur solche offiziellen Exemplare zu beziehen, um nicht in Besitz eines alten Ladenhüters zu kommen.

Das Jahr der Herausgabe ist dem Titel freilich beigefügt, aber die Vermessungen ganzer Küsten und Meeresteile erfordern mehrere Jahre, die Bearbeitung derselben nimmt fast ebenso lange Zeit in Anspruch; man kann an der Jahreszahl der Vermessung deshalb nicht ohne Weiteres sehn, ob man die neueste Ausgabe in Händen hat und muss deshalb auf den Korrekturstempel achten.

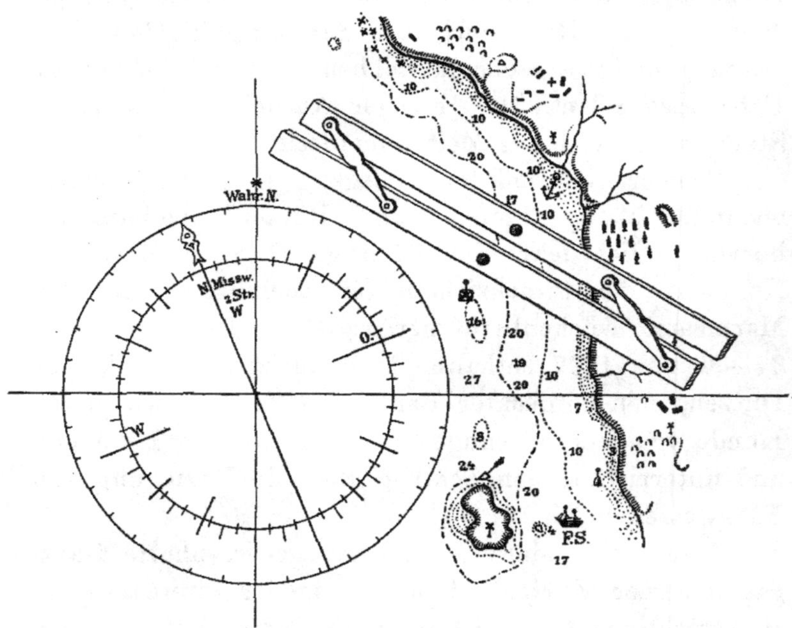

Fig. 31. Gebrauch des Parallel-Lineals.

An geeigneten Stellen sind Kompassrosen eingezeichnet, um mit Hilfe eines Parallel-Lineals den Kurs zwischen zwei Orten rasch „absetzen" zu können. Läuft die Nord-Süd-Linie im oder mit dem Meridian, dann ist der Kompass rechtweisend, im andern Falle aber misweisend. Meistenteils sind zwei geteilte Kreise in einander gezeichnet. Auf neueren deutschen Karten findet man den äusseren, rechtweisenden Kompass jetzt oft in Grade, den inneren, missweisenden, aber in Striche geteilt. Da sich die Missweisung jährlich ungefähr einen Zehntel-Grad ändert, werden die auf alten Karten abgesetzten missweisenden Kurse falsch, deshalb sollte man mindestens alle fünf Jahre neue Karten anschaffen.

Um den Kurs zu bestimmen, hält man den einen Schenkel des Parallel-Lineals durch leisen Fingerdruck

Fig. 32. Bezeichnungen auf der Seekarte.

auf der betreffenden Kompasslinie fest und schiebt den zweiten Schenkel mit der andern Hand vorsichtig bis zu der Kurslinie, deren Richtung man bestimmen will. Nötigenfalls muss man dies mehrere Male wiederholen.

Deutlich treten aus dem Bilde der Karte hellgelbe Flecke mit rotem oder grünem Mittelpunkte hervor. Sie bezeichnen Leuchtfeuer auf Türmen oder Schiffen, deren Bilder oder charakteristische Typen meist mit gedruckt werden, um ein leichtes Erkennen zu ermöglichen.

Um diese Mittelpunkte ist ein Kreis, der die theoretische Sichtweite des Feuers angiebt, entweder voll ausgezogen, punktiert, geschlängelt oder gezackt konstruiert, je nachdem das Feuer fest, drehend oder blinkend seine Strahlen bis an den Horizont sendet. Witterrungsverhältnisse beeinflussen natürlich diese angegebene Sichtweite nicht unwesentlich.

Tonnen, Baken und andere Fahrwasserzeichen sind ebenfalls eingetragen und klein abgebildet mit erklärenden Buchstaben w = weiss u. s. w. RS ist eine Rettungs-, NS eine Nebel-Signal-Station. Ein Anker zeigt einen

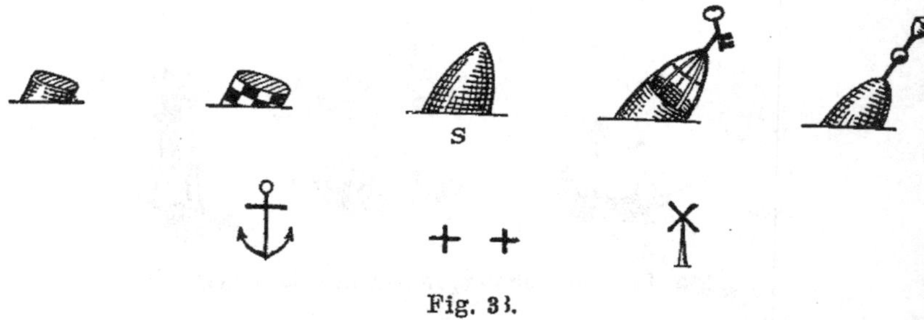

Fig. 33.

sichern Liegeplatz an, Kreuze + + am Lande Kirchen, im Wasser Felsen und unreinen Grund, ⚲ giebt eine Windmühle, Pfeil im Wasser die Richtung der Strömung an.

Zur genaueren Bezeichnung der Bodenbeschaffenheit sind dann noch viele Abkürzungen auf der Karte gebräuchlich, von denen hier einige folgen:

bl blau	dkl dunkel	gr grau
ht hart	Kor Korallen	Sk Schlick
T Thon	w weiss	wch weich u. a. m.

E? Existenz-, P? Lage zweifelhaft.

Die Karte kann natürlich nicht alle Einzelheiten enthalten, denn die Uebersichtlichkeit leidet, wenn man zuviel auf einen so kleinen Raum zusammendrängt. Deshalb muss man ihre Angaben noch durch anderweitige Hilfsmittel ergänzen.

§ 10. b. Leuchtfeuerverzeichnisse und Segel-Anweisungen.

Da die Beleuchtung der Fahrwasser sich bei Verschiebungen derselben ändern, bei grösserer Benutzung vervollkommnen muss, werden jährlich amtliche Listen herausgegeben, die über Höhe und Aussehn der Gebäude, Art, Brennzeit und Stärke der Lichter („Feuer", wie der Seemann sagt), ihre Sichtbarkeit, etwaige Nebelsignale, Rettungsanstalten u. s. w. genaue Angaben enthalten.

Die Segelanweisungen dagegen belehren den Seemann über Wind, Wetter und Strömungen des zu befahrenden Meeresteils, bringen eine Uebersicht über das Vorkommen von Stürmen, Erscheinen von Eis, den Verlauf der magnetischen Kraftlinien u. s. w. Sie warnen den Schiffer vor verkehrten Massregeln bei Einschlagen einer Segelroute, machen ihn auf die günstigsten und sichersten Hafenzugänge aufmerksam und geben jegliche Anleitung, (z. B. Abbildung hervorragender Landmarken), um den Hafen selbständig zu erreichen, oder doch wenigstens so weit zu gelangen, wo ein Lotse genommen werden kann, oder, wenn Lotsenzwang herrscht, genommen werden muss.

Die Seewarte hat auch auf diesem Gebiete dem Navigateur wichtige Dienste geleistet, indem sie drei Segelhandbücher für den atlantischen, indischen und stillen Ozean herausgab, in denen die Erfahrungen vieler freiwilliger Mitarbeiter durch hervorragende Theoretiker zum Besten des Allgemeinwohls bearbeitet und niedergelegt sind.

§ 11. c. Das Nautische Jahrbuch.

Wenn auf hoher See nur Himmel und Wasser sichtbar sind, ist der Schiffer bei der Ortsbestimmung einzig und allein auf die Gestirne angewiesen. Aus ihren Höhen über dem Horizonte berechnet er nach den Regeln der sphärischen Trigonometrie seine Bogen und Winkel. Er kann aber nur den Horizont wirklich sehn und Abstände von demselben beobachten. Die andern Kreise seines Kugeldreiecks sind nur gedachte Grössen, die der Sextant nicht messen kann. Deshalb liefern die Astronomen auf Jahre voraus einen nautischen Kalender (Ephemeriden), welcher die nötigen Rechengrössen enthält.

Die Abstände der Sonne, Sterne und Planeten, sowie des Mondes vom Himmelsäquator, ebenso vom Widderpunkte, die Lichtgestalten des Mondes, seine scheinbare Grösse und Abstände von hellen Gestirnen in der Nähe seiner Bahn sind für bestimmte Zeitabschnitte voraus berechnet. Dadurch wird der Navigateur in den Stand gesetzt, die fehlenden Bogen und Winkel seiner Dreiecke zu ergänzen.

Da aber die angegebenen Werte im Laufe des Monats, Tages, sogar, wie beim Monde, in weniger als einer Stunde oft beträchtlich ändern, müssen sich alle Angaben auf einen ganz bestimmten Augenblick beziehn. Dieser Zeitpunkt ist meistens der Mittag der

Sternwarte in Greenwich. Befindet man sich z. B. 30^0 östlich davon, so ist dort zwei Stunden früher Mittag, als am 0ten Meridian, die Schiffszeit dort überhaupt immer 2^u grösser, als in Greenwich. Man muss demnach alle Angaben in Ortszeit erst in Gr. Zeit umwandeln, dann die in Nebenspalten beigefügten Aenderungen (in 12^u, 1^u, 10^{min}) für die verflossene Zeit berechnen und schliesslich der aus dem Jahrbuche entnommenen Grösse zulegen oder abziehn, jenachdem diese Werte dort wachsen oder kleiner werden.

Da der Astronom seinen Tag erst mit dem Mittage, der Bürgersmann aber schon 12 Stunden früher, um Mitternacht, beginnt, sind nachmittags (p. m. = post meridiem) beide Zeiten einander gleich. Vormittags (a. m. = ante meridiem) aber unterscheiden sie sich um 12^u, denn der Gelehrte behält das Datum bei und zählt über Mitternacht weiter 13, 14 bis 24 Stunden. Die bürgerliche Zeitrechnung dagegen beginnt 12^u nachts den neuen Tag und zählt von da ab bekanntlich 1^u a. m. u. s. w.

Früher war der englische Nautical Almanac auf deutschen Schiffen viel mehr in Gebrauch, während man nunmehr das bequemere Berliner Jahrbuch vorzieht. Dasselbe erscheint jetzt unter Redaktion des Reichs-Inspektors für die nautischen Prüfungen, ist handlicher und bringt nicht für seemännische Rechnungen überflüssige Dezimalstellen. Es enthält eine ganze Anzahl nützlicher Tabellen, z. B. zur Bestimmung der Breite durch den Polarstern, dessen Azimut, Tafeln zur Zeit- und Höhen-Verwandlung, zur Berechnung des Hochwassers und bringt Angaben über Vorhandensein, Fallzeit u. s. w. der beim Chronometer besprochenen Zeitbälle. Man kann dies unentbehrliche Buch übrigens meist in jedem Hafen der Welt, wo deutsche Schiffe verkehren, erhalten und wird es deshalb dem englischen vorziehen.

Es folgen hier einige Beispiele der Berichtigung von dem Jahrbuche entnommenen Grössen, die im astronomischen Teile verwandt sind.

Beispiele:

Nro. 1. Am 6. Mai 1900 ist die ⊙δ im wahr. Orts-Mittag auf 45° 22′ W. wie gross?

Der wahre Orts-Mittag ist	0 u 0 m
Zeit-Unterschied 45° 22′ W =	+ 3 u 1 m
Greenw. Zeit d. w. O.-Mttgs.	3 u 1 m 6/5.

⊙δ f. w. Gr. Mttg. 6.5.	16° 29′ 9″*N*	Naut. J.-Buch S. 58
stdl. Aendrg. × 3,0 = 41,9 × 3,0	+ 2′ 6″	Mai bis Juni *N*δ zunehmend.
⊙δ f. Orts-Mittag	16° 31′15″*N*	wie § 22 Beisp. 1.

Nro. 2. Am 2. September 1900 0 u 45 m Nachm. i. Gr. hat der Planet Saturn ♄ welche δ und AR?

M. Gr. Zeit 0 u 45 m 2. 9. p. m.

♄ δ f. Gr. 0 u 2. 9. =	22° 36′ 8″*S*	Naut. Jahr-Buch S. 121.
stdl. Aendrg. × Lg. i. Zt. = 0,4 × 0,8	+ 0,3	δ nimmt zu.
♄ δ f. Beob. =	22° 36′ 8″,3*S*	wie § 22 Beisp. 3 abgerundet.

♄AR f. Gr. 0 u 2. 9 =	17 u 53 m 12,9 sec
stdl. Aendrg. × Lg. i. Zt. 0,01 × 0,8	0,1
♄AR f. Beob.	17 u 53 m 13 sec

Nro. 3.

Der Meridian Durchgang des Mondes findet am 20. Oktober auf 35° 05′ O.-Lg. wann statt?

Weil der Mond am 20. 10. 1900 erst 22 u 11,3 m d. h. am 21. Morgens nach bürgerl. Zeit kulminiert, entnimmt man die vorhergehende Meridianpassage.

Merid.-Durchg. i. Gr.	19. 10. =	21 u 29,9 m
Aendrg. × Lg. i. Zt. = 1,73 × 2,3 =		4,0
Merid.-Durchg. in 35° 5′ O.	19. 10.	21 u 25,9 m
oder „ „	20. 10.	9 u 25,9 m Vorm.

Die untere Kulmination fällt ½ Mondestag = 12 u + 12 × 1,73 m später, findet also 21 u 25,9 + 20,8 m + 12 u = 9 u 46,7 m Abds. statt.

Für einen auf Westl.-Länge zu beobachtenden Meridiandurchgang muss man die Korrektion addieren, wie § 22 Beispiel Nro. 4 zeigt.

Dort ist die Gr. Zeit der Meridianhöhenmessung:

29. 10. 6 u 39 m p. m.

Für diese Zeit soll die δ und AR des Mondes gefunden werden.

Wegen der überaus schnellen Aenderung dieser beiden Grössen sind sie von drei zu drei Stunden, die Unterschiede aber für je 10 m gegeben.

Gr. Zt. 6u 39m p. m. 29.10.

AR 29. 10. 6 u p. m. Gr. Z.		19 u 8 m 24,8sec	Naut. Jahrb. S. 132.
Aend. i. 1′ × 39 = 2,26 × 39 +		1 m 28,1sec	AR nimmt immer zu.
AR f. Beob.	=	19 u 9 m 52,9 sec	

δ 29. 10. 6^u p. m. Gr. Zt.	= 18° 49′ 48″S	N. J. B. S. 132.
Aendr. i. 1′ = 6,11 × 39	— 3′ 58″	δ 6 — 9 abn.
δ f. Beob.	= 18° 45′ 50″S	wie § 22 Beispiel 4.
Aequat. Hor. Parall. 0^u Gr. 29. 10.	56′ 45″	Naut. Jahrb. S. 129.
Aendr. i. 12^u = 21″ $\frac{21'' . 6,6}{12}$	+ 12″	
Aequat. Hor. Par. f. Beob.	56′ 57″	wie § 22 Beispiel 4.
Verminderung f. Breite 40°S =	— 5″	
Lokale Hor. Parall. f. Beob.	56′ 52″	

wahr. Halbm. f. 0^u Gr.	29. 10.	15′ 29″
Aendrg. in 12^u = 6″	+	3″
wahr. Halbm. f. Beob.	=	15′ 32″
Vergrösserung		+ 10″
scheinbarer Halbm.		15′ 42″

* δ und AR sind nur für den nächstliegenden Tag zu entnehmen und brauchen nicht verbessert werden.

IV. Terrestrische Navigation.

---

§ 12. Einteilung der Erde.

Obwohl die Erde an den Polen abgeplattet ist, kann man sie doch in fast allen nautischen Rechnungen als vollkommene Kugel von 40000 km Umfang ansehn. Die mittlere Meridianminute ist 1852 m lang und heisst Seemeile (sm), von denen also 60 auf jeden der 90 Breitengrade, 21600 auf den Aequator gehen. Zieht man von Pol zu Pol durch jeden Aequatorgrad einen grössten Kreis, so erhält man 360 Längengrade. Da man ihre Zählung beliebig wählen kann, beginnen die Seeleute bei der Sternwarte von Greenwich (s. Naut. Jahrb.) und rechnen von dort 180° nach Osten und ebensoviel nach Westen. Jeder Längen- wie Breitengrad wird natürlich in 60′ zu je 60″ eingeteilt.

Der Abstand der Meridiane von einander nimmt nach den Polen zu immer mehr ab, deshalb nennt man nur die Entfernung auf dem Aequator EF Längenunterschied (LU.), auf den Breitenparallelen, BD Fig. 34, aber Abweichung (Abw.).

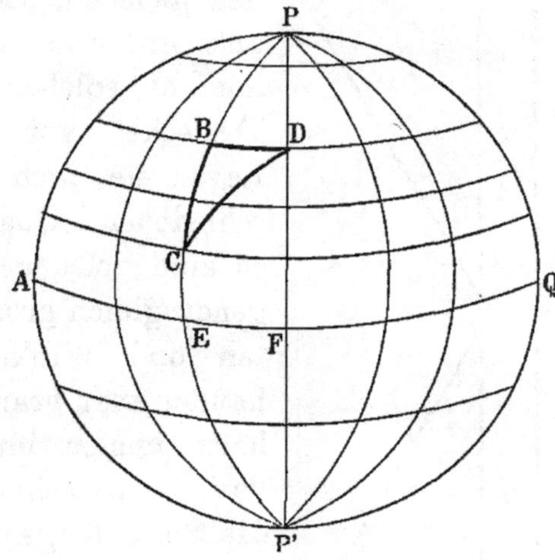

Fig. 34. Einteilung der Erde.

Kleinere Teile der Erdoberfläche, z. B. Δ BCD, sieht man als eben an, die begrenzenden Bögen demnach als gerade Linien und rechnet dann nach den Regeln der ebenen Trigonometrie.

BC ist Breitenunterschied
BD „ Abweichung
CD „ Distanz
< C „ Curs.

Ein Blick auf Fig. 34 lehrt, dass gleichnamige Breiten oder Längen zu subtrahieren, ungleichnamige zu addieren sind, um BU und LU zu bilden.

Die Ansätze der rechtwinkligen ebenen Dreiecke lassen sich mit diesen Benennungen hier leicht wiederholen.

Dist.sin Kurs = Abw. Dist.cos Kurs = BU

Abw : BU = tg Kurs BU.sec Kurs = Dist

Der Kurs wird nach Viertelstrichen oder Graden gegeben. Es kommt also nur eine begrenzte Anzahl solcher „Kurs-Dreiecke“ vor. Denn, liegen sie auch in verschiedenen Quadranten, so sind doch je vier mit genau gleich grossen Seiten und Winkeln vorhanden, man braucht deshalb immer nur eines davon zu berechnen. Auch die Seitenlängen können nicht allzu verschiedene Werte annehmen, weil die Geschwindigkeit der Schiffe, also auch die von ihnen zurückgelegte Distanz, eine begrenzte ist.

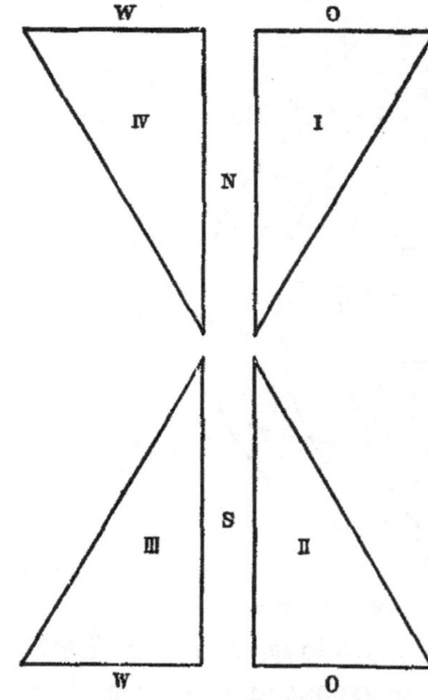

Fig. 35. Kurs-Dreiecke.

Man hat deshalb alle wahrscheinlichen Dreiecke berechnet und in Tafeln, den sogen. Koppeltafeln zusammengestellt. Hat z. B. ein Schiff NNO 37 sm gesegelt, so hat es nach Koppeltafel (Fulst S. 127) verändert in Breite 34,2, in Abw. aber 14,2. Dieselben Zahlen gehören auch zu NNW wie SSW und SSO Kurs. Im ersten und zweiten Falle würde aber der BU beide Mal N, die Abw jedoch verschiedener Benennung sein. SSW und SSO Kurs ergeben beidemal südlichen BU, jener westliche, der letzte östliche Abweichung.

Wenn man bei ungünstigem Winde verschiedene Kurse nacheinander oder ganz im Zick-Zackwege gesegelt hat, sucht man jeden Mittag ($24^{u} = 1$ Etmal) aus den Koppeltafeln alle BU und Abw-Zahlen für die verschiedenen Kurse zusammen, addiert die gleichartigen und zieht die kleinere von der grösseren Summe ab, dem Reste giebt man natürlich das Vorzeichen der grösseren. Um Uebersichtlichkeit zu gewinnen, liniert man sich das Papier und macht nun die Eintragungen in die betreffenden Spalten N oder S, O oder W.

§ 13. **Kursverbesserung.**

Die vom Kompass abgelesenen Kurse müssen zuerst berichtigt werden. Wenn ein Schiff nämlich mit seitlichem Winde segelt, wird es vom Drucke der Luftströmung nach der Richtung, wohin sie fliesst, (nach „Lee", entgegengesetzt ist „Luv") getrieben. Diese „Abdrift" erkennt der Praktiker am „Kielwasser" hinter dem Schiffe, das je nach Grösse des „Leeweges" einen mehr oder minder beträchtlichen Winkel mit dem Kiel bildet und hinter dem Schiffe luvwärts auf steht.

Ferner zeigt die Kompassnadel bekanntlich nicht nach dem astronomischen, sondern nach dem magnetschen Nordpol. Ist ihr Nordende nach Westen zu, vom Rosenmittelpunkte aus gesehen, also nach links abgelenkt, so hat man westliche, im umgekehrten Falle aber östliche Missweisung.

Die Seewarte giebt von Zeit zu Zeit Karten mit Linien gleicher Missweisung (Isogonen) heraus, aus denen man ihren Wert entnehmen kann. Ausserdem ist sie direkt auf der Seekarte angegeben.

Ist das Schiff aus Eisen oder Stahl, so zeigt der Kompass auch noch eine örtliche Ablenkung oder Deviation, welche gleich der Missweissung O oder W bezeichnet wird. Da mit der Nadel auch die ganze an ihr befestigte Rose herumgedreht ist, so muss man jeden von ihr abgelesenen Kurs um den Betrag der westlichen Missweisung und Deviation nach links, bei östlichem Werte nach rechts weiter herumrechnen.

§ 14. **Koppelkurse.**

Wenn ein Schiff im „Etmal“ die unten angegebenen Kurse und Distanzen gesegelt hat, so stellt sich die Rechnung wie folgt:

Man segelte von 23° 20′ N. und 81° 1′ W:

Wind	gesteuerter Kurs	Abdrift	Deviation	Missweisg.	rechtweisender Kurs	Distanz	BU N.	BU S.	Abw. O.	Abw. W.
		in Strichen								
NW	NNO 1/2 O	1/2	1/4 W	3/4 O	N3 1/2 O	17,3	13,4		11,0	
„	NO 1/2 N	3/4	1/4 W	„	N4 3/4 O	10,4	6,2		8,4	
NzW	WzN	1 3/4	1/4 O	„	N7 3/4 W	13,2	0,6			13,2
NzO	WNW 1/2 W	1 1/2	3/4 O	„	N6 1/2 W	9,7	2,8			9,3
NNO	NW 1/4 N	1 1/4	3/4 O	„	N3 1/2 W	7,5	5,8			4,8
„	Ost	1 3/4	1/2 W	„	S6 O	27,5		10,5	25,4	
							28,8		44,8	27,3
							10,5		27,3	
						Ges.BU =	N 18,3		O 17,5 Abw	

Abw : BU = tgC BU.secC = Dist

17,5 log 1,2430
18,3 — „ 1,2625 log 1,2625
43°,7 „ tg 9,9805 „ sec 0,1410
1,4035

Gener-Kurs N 44° O, Dist 25,3 sm

verlass. Breite 23° 20′ N
BU 18,3 N
Err. Breite 23° 38′ N

Anmerkung. Ist die Abw sehr gross, der BU aber klein, so empfiehlt es sich zu suchen
Dist = Abw. cosec Kurs.

Wann BU oder LU zur verlassenen Breite oder Länge zu addieren, wann sie davon zu subtrahieren sind, bedarf hier wohl keiner Auseinandersetzung und geht aus Fig. 34 deutlich hervor. Um die erreichte Länge zu finden, muss die berechnete Abw. noch in LU umgewandelt werden. Dies geschieht folgendermassen:

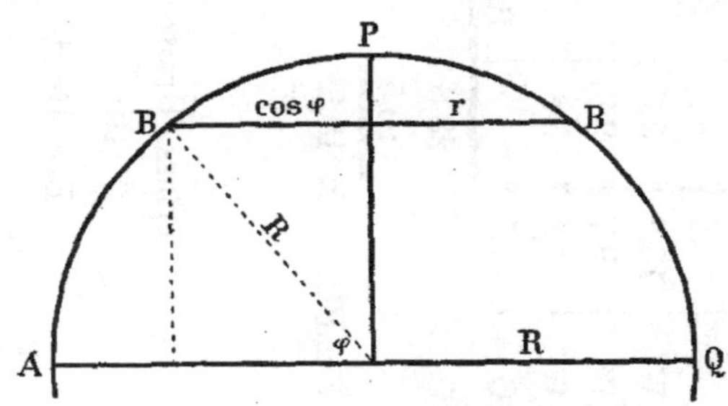

Fig. 36. Verwandlung von Abw. in LU.

Sei AQ der Erdäquator

R der Erdhalbmesser $= 1$, φ die Breite, dann ist $r = R \,.\, \cos\varphi$, d. h. der Halbmesser des Breitenparallels verhält sich zum Halbmesser des Aequators wie $\cos\varphi : 1$ und ebenso

$$\text{Abw} : \text{LU} = \cos\varphi : 1 \quad \text{oder}$$

$$\text{Abw} = \text{LU} \,.\, \cos\varphi \qquad \text{Abw} : \cos\varphi = \text{Abw} \,.\, \sec\varphi = \text{LU}.$$

Da man aber im gegebenen Beispiel aus 23° 23′ N in 23° 38′ N gekommen ist, fragt es sich, welche Abweichung in diesem Falle die richtige ist? Die auf dem nördlicheren Breitenparallel liegende Abw. giebt mit $\sec\varphi$ multipliziert offenbar einen zu grossen, die andere aber einen zu kleinen LU, man wählt daher, für die Praxis genau genug, die „Mittelbreite", d. h. die halbe Summe beider, und berechnet damit

LU = Abw . sec Mittelbreite.

φ 23° 38′ N		Abw 17,5	log 1,2430
φ' 23° 20′ N		$M\varphi$ 23° 29′	„ sec 0,0375
$\frac{\varphi' + \varphi}{2}$ 23° 29′ N		LU 19′ O	log 1,2805
	Verl Lg.	81° 1′ W	
	Erreichte Lg.	80° 42′ W	

Koppelkurse können immer mit genügender Genauigkeit nach diesem Mittelbreite-Verfahren berechnet werden. Nach einiger Uebung löst man die Aufgaben schnell und sicher, sogar ganz ohne Rechnung, nur durch Eingehn in die Koppeltafeln. Da man jeden Mittag ausrechnet, was das Schiff im vergangenen Etmal zurückgelegt hat, so handelt es sich niemals um grosse Zahlen. Erst bei einem Breitenunterschied von über 10 Grad würde eine Ungenauigkeit im Mittelbreite Rechnen entstehn. Ebenso beim Bestimmen eines LU zwischen zwei Orten N und S vom Aequator, doch dann ist für unsere Zwecke genau genug Abw = LU.

Der Vollständigkeit halber sollen Kurs und Distanz zwischen weit entfernten Orten ungleichnamiger Breiten berechnet werden noch nach dem

Verfahren nach vergrösserter Breite:

S. Franzisco φ	37° 50 N	Lg	122° 32 W	Meridional-Teile	2456
Apia φ'	13° 50 S	„	171° 40 W	„ „	838
wahrer BU	51° 40′	LU	49° 8′	vergrösst. BU	3294
	3100′		2948′		

LU : vergr. BU = tg Kurs				wahr. BU . sec Kurs = Dist		
LU	2948	log	3,4695	w BU 3100	log	3,4914
Vergr. BU	3294 —	log	3,5177	K 41° 50	sec	0,1278
Kurs S 41° 50′ W	„	tg	9,9518	Dist 4161 sm	log	3,6192

§ 15. Grösste Kreissegelung.

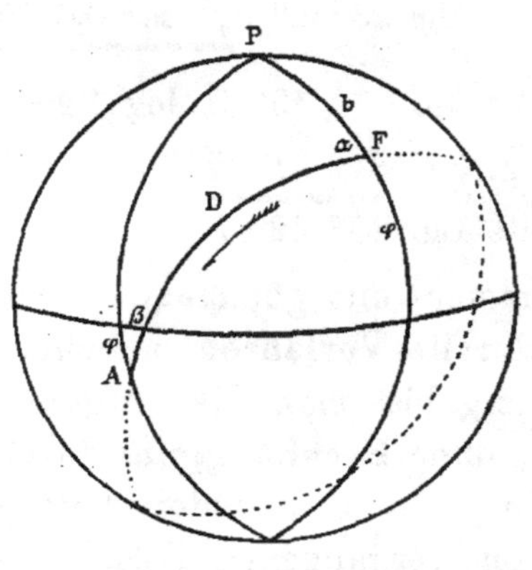

Fig. 37. Grösste Kreis-Segelung.

Wie bereits Seite 61 erwähnt, ist der Bogen des grössten Kreises zwischen zwei Punkten der Erdoberfläche der nächste Weg. Soll derselbe für das vorhergehende Beispiel gesucht werden, so berechnet man nach den Napierschen Analogien die unbekannten Teile des schiefwinkligen sphärischen Dreiecks PAF. Wie die Figur ergiebt, sind gegeben die Seiten PF, PA und < P, der Längenunterschied.

S Franzisco φ 37° 50′ N Apia φ 13° 50′ S < P = LU 49°8,

	90°		+ 90°
PF	52° 10′	PA	103° 50′

a 103° 50′
b 52 10′

$\frac{a+b}{2}$	78° 0′	log sec	0,6821	log cosec	0,0096	log tg	0,6725
$\frac{a-b}{2}$	25° 50′	„ cos	9,9543	„ sin	9,6392		
$\frac{LU}{2}$	24° 34′	„ cotg	0,3400	„ cotg	0,3400		
		„ tg	0,9764	„ tg	9,9888		
				s/2	83° 58′	„ cos	9,0216
				u/2	44° 16′	„ sec	0,1450
				< F	128° 14′	tg	9,8931
Kurs von S. Fr. ab S 52° W				< A	39° 42′	D/2	34° 37′
„ bei Ap. an S 40 W				Dist	4154 sm	D	69° 14

Der ausserordentlich geringe Unterschied beider Wege ist in diesem Falle für die Wahl der Segelroute nicht ausschlaggebend, wo Loxodrome und grösster Kreis gar nicht weit auseinander liegen.

Wollte man aber von San Franzisko nach Yokohama,
S. Fr. 37° 50 N Lg 122° 32 W
Y. 35° 27 N „ 139° 39 O, so würde Kurs und Dist. nach Mittel-, wie nach vergrösserter Breite S 88° 16′ W 4727 sm, nach grösster Kreissegelung aber 263 sm kürzer sein.

Spannt man diese Wege mit Hilfe eines Fadens, bezw. eines schmiegsamen Stäbchens, über einen nicht allzu kleinen Globus, so wird man deutlich den Unterschied von Loxodrome und Orthodrome wahrnehmen und sogleich sehen, bei welchen Kursen beide am meisten von einander abweichen.

§ 16. **Peilungen.**

In Sicht der Küste werden auffallende und in die Karte eingetragene Landmarken mit dem Kompass gepeilt. Der Schiffsort ist dann genau im Kreuzungspunkte der Richtungslinien und wird am sichersten ermittelt dann, wenn die Geraden bei dieser „Kreuzpeilung“ sich nahezu oder ganz rechtwinklig schneiden. Fig. 38 a und b zeigt den verschiedenen Betrag des Fehlers bei spitzem, wie bei rechtem Winkel. Natürlich kann man zur besseren Kontrole mehr als zwei Gegenstände zu gleicher Zeit peilen.

Der Abstand lässt sich auch durch Verbindung einer Peilung und Winkelmessung zwischen zwei Objekten, z. B. Turm und Mühle, bestimmen.

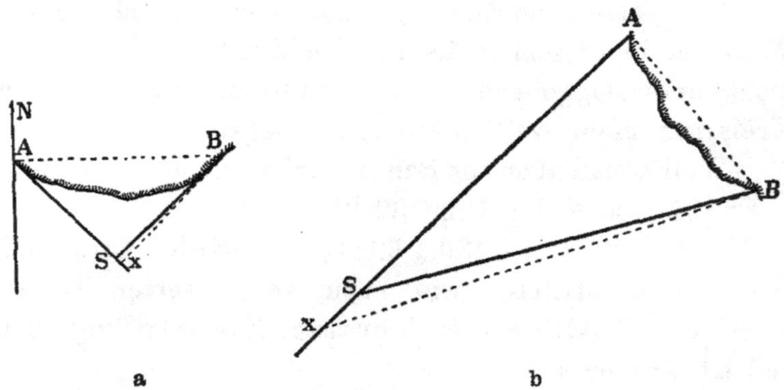

Fig. 38a. Kreuz-Peilung bei rechtwinkl. schneidenden Linien.
Fig. 38b. „ „ spitzwinkl. „ „
S x Fehler im Abstande.

Die Lösung durch Konstruktion ist deutlich aus der Figur 39 ersichtlich. Man legt zuerst die Peilung von A, hier NNW ³/₄ W, in der Karte fest, trägt in einem beliebigen Punkte dieser Linie den gemessenen Winkel, 80°, an und zieht durch den zweiten Punkt B zu diesem Schenkel eine Parallele bis S, dem Schiffsorte.

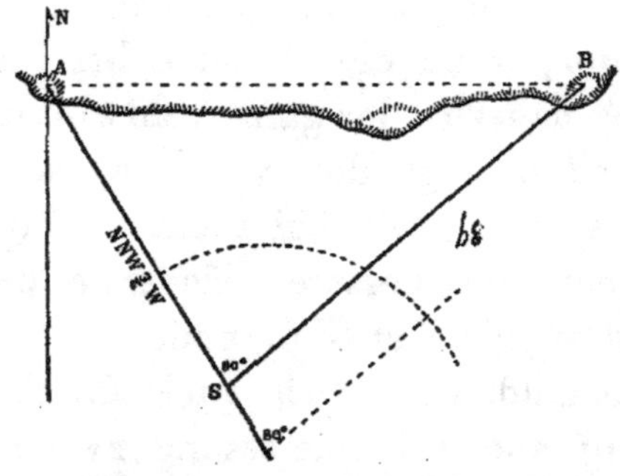

Fig. 39. Peilung und Winkelmessung.

Kommen A und B, durch zwischenliegende Berge verdeckt, erst nacheinander in Sicht, so trägt man beide Peilungen in die Karte ein und zieht dann den inzwischen gesegelten Kurs von irgend einem Punkte der ersten Linie aus und dazu wieder eine Parallele von passender Länge zwischen beide Peilungen, die sich auch rechtwinklig schneiden müssen, wenn die Fehler möglichst unwirksam bleiben sollen.

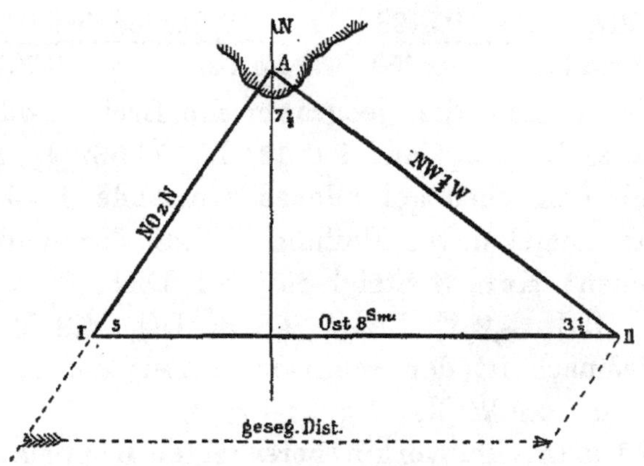

Fig. 40. Peilung mit Versegelung.

Hat man nur ein Objekt, so peilt man dasselbe, segelt dann eine, am besten genau nach Grundlogge zu messende Distanz ab und peilt wiederum, wenn die zweite rechtwinklig oder nahezu so zur ersten Linie steht. Auch hier wird die Distanz von einem beliebigen Punkte der ersten Peilungslinie aus und dann eine Parallele dazu gezogen.

Selbstverständlich ist jede einzelne vom Kompass abgelesene Peilung oder Kursangabe für Missweisung und Deviation des anliegenden Striches zu verbessern.

Will man sich nicht mit Lösung durch Zeichnung begnügen, so kann man sämtliche angeführten Beispiele durch trigonometrische Ansätze berechnen, da immer Winkel und gegenüberliegende Seiten bekannt sind. Will man z. B. das letzte Exempel ausrechnen, so bildet man nach der — vorne gegebenen — Sinus-Regel

sin 7½ Str.: 8 = sin 5 Str.: AII	sin 7½ Str.: 8 = sin 3½ Str.: AI
7½ Str. log cosec 0,0021	. . . log cosec 0,0021
8 sm „ 0,9031	. . . „ 0,9031
5 Str. „ sin 9,9198	3½ Str. log sin 9,8024
II 6,7 sm log 0,8250	I 5,1 sm log 0,7076

Kennt man die geographische Breite und Länge von A, z. B. Helgoland 54° 11′ N, 7° 53′ O, so kann man mit dem eben gefundenen Abstande I = 5,1 sm und der umgekehrten Peilung SWzS der Koppeltafel entnehmen: Kurs 3 Strich mit 5,1 Dist:

BU 4,2 S, Abw 2,8 = LU 4,8 W.

Demnach ist der Schiffsort z. Zeit der I. Peilung

φ 54° 7′ N, Lg 7° 48′ O.

Wäre in dem vorhin berechneten Koppelkurse ein Kap, Berg, Leuchtturm o. a. r/w SW ½ S 17,3 sm ab gepeilt, so hätte man diese Richtung ganz einfach in N 3½ Str. Ost umgekehrt und damit gerade so gerechnet, wie in jenem Beispiele Seite 77 geschehen ist.

Peilt man ein zu passierendes Vorgebirge u. s. w. zuerst, wenn es vier Strich voraus ist, d. h. so, dass die Peilungslinie mit dem Kurse einen Winkel von 45° bildet, und nachher in dem Augenblicke wieder, wenn dieser Richtungsunterschied 90° beträgt, so ist der Abstand von Land bei dieser zweiten Peilung genau gleich der inzwischen abgelaufenen Strecke, die natürlich frei von Strömung, also am sichersten durch die Grundlogge zu messen ist. Legt man die Distanz mit grosser Fahrt, also in sehr kurzer Zeit zurück, so wird der Einfluss des Stromes natürlich geringer.

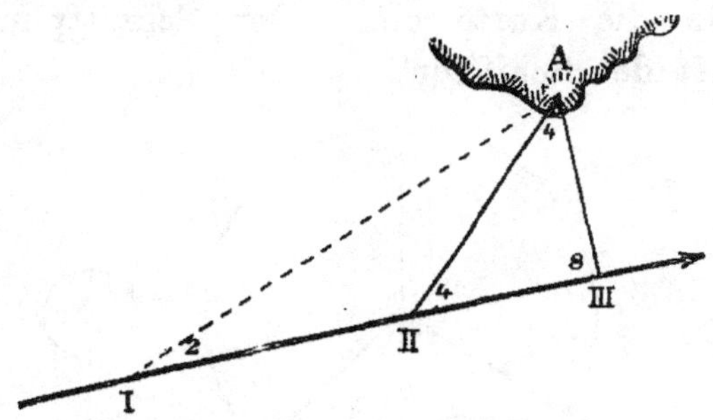

Fig. 41. Vierstrich-Peilung.

Da man in diesem Falle, der sogenannten „Vierstrich-Peilung“, ein rechtwinklig-gleichschenkliges Dreieck vor sich hat, muss II—III gleich Strecke III—A sein. Will man doppelt sicher gehn und die Probe machen, peilt man schon, wenn das zu passierende Objekt 2 Strich voraus in Sicht ist, also hier in I, da auch △ I II A gleichschenklig, d. h. die geloggte Distanz I-II gleich Abstand II-A ist.

§ 17. Pothenot'sche Aufgabe.

Eine sichere, von Kompassfehlern unabhängige Abstandsbestimmung ist das Pothenotsche oder das Problem der vier Punkte, mit welchem man aus der Lage von drei genau bekannten, den vierten Punkt, das Schiff, ermittelt. Leider schenkt man diesem Verfahren nicht die verdiente Beachtung und wendet es viel seltener auf Kauffahrern an, als andere Arten von Peilungen.

Sind z. B. die drei Gegenstände A, B und C in der Karte verzeichnet, so misst man am Schiffe die Winkel ASB und BSC und trägt sie mittels Transporteurs in die Karte ein. Der Schnittpunkt der Schenkel ist der Schiffsort.

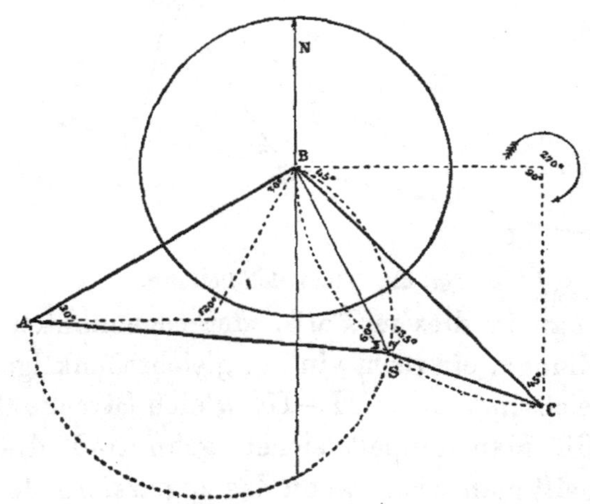

Fig. 42. Pothenot'sche Aufgabe.

Trägt man in A und B an AB das Komplement des gemessenen Winkels x an und schlägt, die Spitze des entstandenen Dreiecks als Mittelpunkt nehmend, einen Kreis, dann ist dessen Centriwinkel über Sehne AB hier gleich $180^0 - 2 \cdot 30^0 = 120^0$; der Peripheriewinkel x mithin nach bekanntem Satze gleich 60^0, die Peripherie aber der geometrische Ort für S.

Da y stumpf ist, trägt man den Ueberschuss über 90^0, hier 45^0, östlich von BC ab, erhält 270^0 Centri- und 135^0 Peripheriewinkel. Der untere Schnittpunkt beider Kreise ist der Schiffsort. Letzterer wird jedoch unsicher, wenn

$\sphericalangle$ ABC + x + y gleich oder nahezu gleich 180°, da die Summe der gegenüberliegenden Winkel im Sehnenviereck = 2 R.

§ 18. Abstandsbestimmung durch Messung von Höhenwinkeln.

Misst man am Schiffe den senkrechten Winkel zwischen Spitze und Fuss eines Turmes, (Mastes, Berges u. s. w.), so kann man durch trigonometrische Berechnung den Abstand finden.

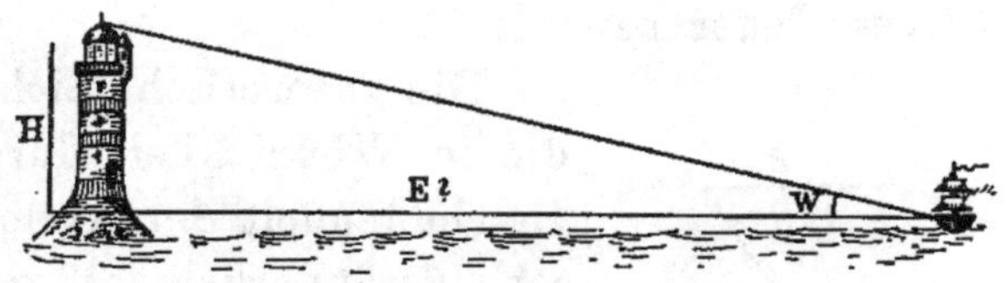

Fig. 43. Höhenwinkelmessung.

Zur bequemeren Lösung vereinfacht man sich die Formel, so dass man die Entfernung gleich in Seemeilen erhält.

Sei in Fig. 43 H in Metern, $\sphericalangle$ w in Minuten gegeben, so ist

$$\frac{H^m}{E} = \operatorname{tg} w' \quad \text{oder} \quad \frac{H^m}{\operatorname{tg} w'} = E^m$$

$$\frac{H^m}{w' . \operatorname{tg} 1'} = E^m \text{ und für E in Seemeilen}$$

$$\frac{1}{\operatorname{tg} 1' . 1852} \cdot \frac{H^m}{w'} = E^{sm} = \frac{13}{7} \; \frac{H^m}{w'}$$

Beispiel: Man misst den Winkel zwischen Fuss und Spitze des 28,8 m hohen Leuchtturmes auf Dahmerhoofd 14′, gesucht wird der Abstand.

Höhe des Turmes nach dem Leuchtfeuerverzeichnisse 28,8 m

$$\frac{13}{7} \cdot \frac{28{,}8\ \text{m}}{14'} = 3{,}8\ \text{sm}$$

Entfernt man sich weiter vom Gegenstande, so wird der Höhenwinkel immer kleiner, es nähert sich auch der höchste Punkt des Objektes dem Horizonte und taucht schliesslich unter. Dieser Augenblick des Verschwindens ist bei klarer Luft und dunkler Nacht sehr genau wahrzunehmen, namentlich, wenn es sich um ein kräftiges Feuer handelt.

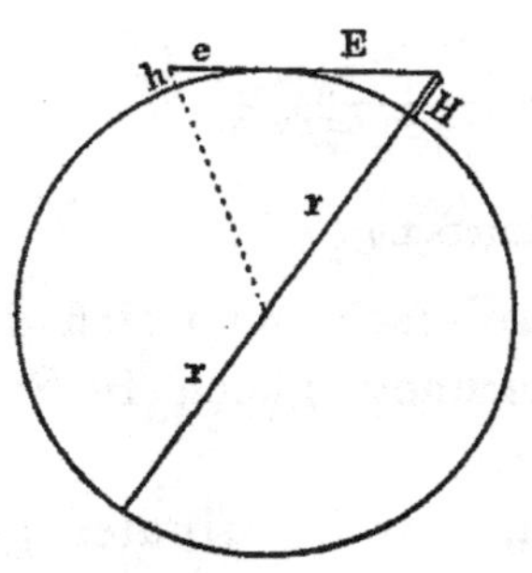

Fig 44.
Sichtweite in der Kimm.

Die theoretische Sichtweite, die in Wirklichkeit durch die Beschaffenheit der Atmosphäre sehr veränderlich, oft garnicht sicher festzustellen ist, lässt sich nach einem bekannten Planimetrie-Satze leicht berechnen:

Die Tangente ist die mittlere Proportionale zwischen der ganzen Sekante und ihrem äusseren Abschnitte.

Der mittlere Erddurchmesser = 2 r ist rund 12 733 000 m, die Höhe H eines Gegenstandes über dem Meeresspiegel ist dem Leuchtfeuerverzeichnisse oder der Seekarte zu entnehmen. Die Länge der Tangente E, von der Spitze (Laterne) an die Kimm gezogen, wird gesucht. Es ist also:

$(2\ r + H) : E = E : H \qquad E = \sqrt{12733000 + H} \cdot \sqrt{H},$

wo H unter dem ersten Wurzelzeichen neben der grossen, abgerundeten Zahl vernachlässigt werden kann.

Radiziert man den ersten Ausdruck und teilt, um E gleich in Seemeilen zu erhalten, wieder durch 1852, so bekommt man den Faktor 1,927, der wegen Vergrösserung der Sichtweite durch die (mittlere) Strahlenbrechung noch mit 1,08 zu multiplizieren ist. Dies giebt 2,08 oder bequemer $\frac{25}{12}$.

Die Höhe des Auges h über dem Wasserspiegel ergiebt auf demselben Wege noch eine Strecke e, die zu E addiert wird. Die Feuerbücher enthalten sehr bequeme, hierfür berechnete Tabellen; die Feuerkreise auf den deutschen Karten, sowie die Sichtweiten der Verzeichnisse sind für 5 m Augeshöhe berechnet, während die erwähnte Tafel für höheren Standpunkt die bezüglichen Werte entnehmen lässt: z. B. Travemünde Feuer ist 30,8 m über Mittelwasser, Augeshöhe 5 m,

$$\text{Sichtweite} = \frac{25}{12}\left\{\sqrt{30{,}8} + \sqrt{5}\right\} = 16{,}2 \text{ sm, ebenso}$$

aus Tabelle im Leuchtfeuer-Verzeichnis.

Aus den Erklärungen über das Lot und die Tiefenangaben der Karten geht zur Genüge hervor, dass man durch Messen der Wassertiefe und Vergleichen mit den Zahlen der Karte ebenfalls Abstände bestimmen kann, wenn der Grund regelmässig ansteigt, und viele Tiefenangaben verzeichnet sind.

§ 19. **Stromschiffahrt.**

Treibt man bei Windstille in Sicht der Küste, so bestimmt man nach einem der soeben beschriebenen Verfahren Richtung und Abstand von der Küste, und wiederholt dies nach einiger Zeit. Die Verbindungslinie beider in die Karte eingetragener Schiffsorte stellt dann Weg und Stärke des Stromes dar. In der deutschen Praxis wird die Strömung stets nach demjenigen Kompassstriche, nach dem sie hinsetzt, benannt.

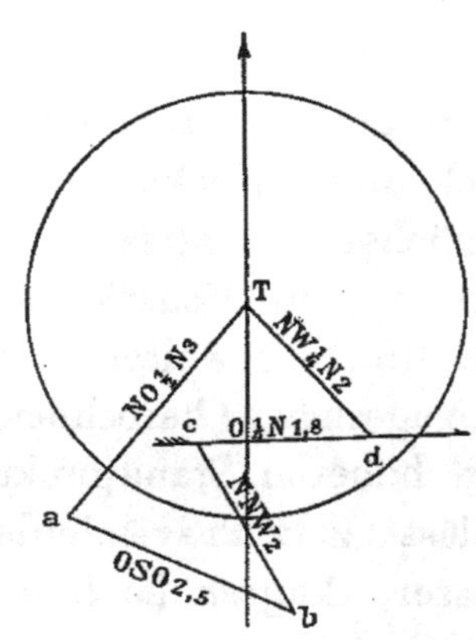

Fig. 45.
Bestimmung der Strömung.

Auch die Anwendung der Grundlogge (Seite 33) in Verbindung mit der gewöhnlichen Fahrtbestimmung ermöglicht das Feststellen einer Strömung.

Ebenso kann man ein Landobjekt peilen, die Entfernung desselben messen, eine gewisse Richtung und Strecke segeln und den Gegenstand zum zweiten Male peilen, sowie den Abstand davon bestimmen. Die Verbindungslinie beider Punkte in der Karte, Endpunkt der Segelung und II Peilung, ergiebt Stromes-Richtung und -Geschwindigkeit.

Ist man z. B. von a, wo man einen Turm NO$^1/_2$N 3 sm ab hat, zuerst OSO 2,5, dann NNW 2 sm gesegelt und peilt nunmehr T in NW$^1/_4$N 2 sm ab, dann befindet man sich statt in c bei d, wohin uns der Strom in Richtung O$^1/_4$N 1,8 sm getrieben hat. Man pflegt dies in der Zeichnung durch einen Pfeil im Sinne der Strömung anzudeuten.

Auf hoher See „koppelt“ man den in einem Etmal zurückgelegten Weg, bringt gutgemachten Breiten- und Längenunterschied an die verlassene Breite und Länge an und trägt den Schiffsort in die Karte ein. Ebenso verfährt man mit der durch astronomische Bestimmungen ermittelten Position, zieht den Strompfeil vom Kompass und Logge-Besteckpunkt nach dem astronomischen und kann nun sehr leicht Richtung und Stärke abmessen.

In dieser Angabe sind jedoch etwaige Fehler in der angenommenen Deviation und Abdrift, Ungenauigkeiten beim Loggen und Steuern, sowie andere enthalten. Da diese jedoch alle zufällige Unrichtigkeiten sind, so kann man wohl annehmen, dass sie sich meistens ausgleichen.

Ist nun bekannt, wohin und wie schnell eine Strömung während einer Segelung gesetzt hat, so koppelt man dieselbe wie einen gewöhnlichen Kurs mit auf. Es ist z. B. für Gewinnung der erreichten Breite und Länge des Seite 77 berechneten Koppelkurses ganz gleichgültig, ob die letzte Strecke r/w OSO 27,5 sm vom Schiffe vermittels Dampfes zurückgelegt, ob sie abgesegelt, oder ob das Schiff mit dem Strome entlang getrieben ist.

Anders stellt sich die Aufgabe, wenn man ein bestimmtes Ziel zu erreichen hat in einem Fahrwasser, das von bekannter Strömung durchzogen wird.

Soll z. B. ein Schiff von A nach B, wenn sich die ganze Wasseroberfläche in der Richtung des Strompfeiles verschiebt, so muss der Kurs natürlich von vornherein von A aus links der Richtung AB gewählt,

d. h. es muss so viel nördlicher gesteuert werden, dass nach der Segelung der Strom das Schiff von C nach B getrieben hat.

Man konstruiert dies nach dem Parallelogramm der Kräfte mit Schiffs- und Stromes-Fahrt, und findet so den zu steuernden Kurs.

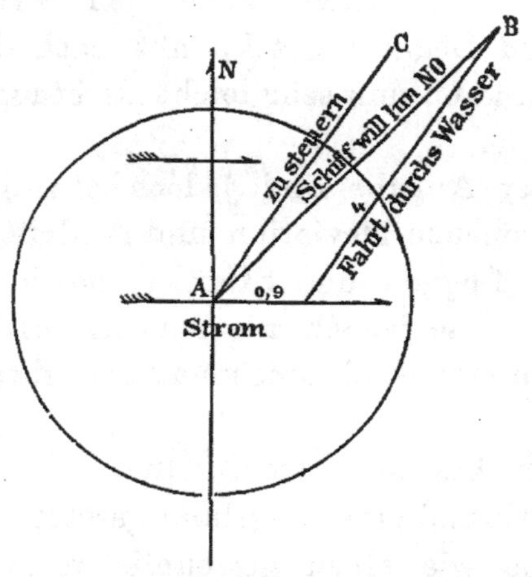

Fig. 46. Bestimmung des zu steuernden Kurses.

Da sich die Stärke des Stromes, sowie seine Richtung, unbemerkt vom Navigateur, in kurzer Zeit erheblich ändern können, so darf der Seemann solchen theoretischen Konstruktionen nur ein bedingtes Vertrauen schenken und muss sich niemals zu sicher fühlen. Stets soll er, namentlich bei trübem Wetter und schwierigem Fahrwasser sein Besteck von neuem prüfen und guten Ausguck halten, damit er früh genug gewarnt wird. Erst kürzlich hat ein hervorragender englischer und ebenso ein deutscher Hydrograph öffentlich ausgesprochen, dass Strömungskarten einen grossen Wert an sich besitzen, jedoch niemals den Seemann in den Stand setzen, zu irgend einer beliebigen Zeit für einen beliebigen Ort eine sichere Stromprognose zu stellen.

Zu gleichem Resultate ist Verfasser in einer Arbeit über die Strömungen der westlichen Ostsee gelangt*) und kann nur empfehlen, vorsichtig zu sein, sich niemals zu sicher zu fühlen.

V. Nautische Astronomie.

---

§ 20. Orientierungskreise am Himmel.

Die Rechnung nach Kompass und Logge würde nicht genügen, den Schiffsort längere Zeit sicher zu bestimmen, da die Ungenauigkeiten der Leine und des Glases, Unbeständigkeit des Windes und der Abdrift, Fehler in der Deviation und namentlich mangelhaftes Steuern bald eine „Besteckversetzung“ bewirken müssen, wie schon bei der Stromschiffahrt geschildert wurde.

Deshalb bedarf man einer steten Ueberwachung und Berichtigung, welche durch astronomische Beobachtungen von Sonne, Mond, Hauptplaneten und Fixsternen gewonnen wird.

Um die Gestirne am Himmelsgewölbe genau bestimmen und ihre Positionen sicher festlegen zu können, denkt man sich dasselbe mit einem ganzen Netze von Linien, richtiger: Kreisen, übersponnen und giebt nun den jeweiligen Stand eines Himmelskörpers nach seiner Winkelentfernung von diesen Kreisbögen an.

*) Aus dem Archiv der Seewarte 1898: Die Oberflächen-Strömungen bei Gjedser-Riff von Direktor Dr. Schulze.

Zunächst erweitert man sich den Erdäquator bis zum scheinbaren Himmelsgewölbe und erhält so den „Himmelsäquator“. Die nach beiden Richtungen hin verlängerte Erdachse wird dann zur „Weltachse“, ihre Endpunkte am Himmel sind „Weltpole“.

Erweitert man die immer im gleichen Abstande vom Aequator bleibenden Breitenparallele ebenfalls, so erhält man hier ein System von kleineren, dem Himmelsäquator parallelen Kreisen, den sogenannten „Deklinationsparallelen, 90 an der Zahl auf der Nord-, wie auf der Süd-Halbkugel.

Auf der Erde nennt man den Aequatorabstand „Breite“, am Himmelsgewölbe „Deklination“ (δ) oder „Abweichung“, ihr Komplement, $90^0 - \delta$ oder $90^0 + \delta$ aber „Poldistanz“.

Die erweiterten Längengrade, welche von Pol zu Pol gehen und den Aequator senkrecht schneiden, heissen am Himmel „Stundenkreise“.

Sie bilden am Pol mit dem Mittagskreise oder Meridiane den sogen. „Stundenwinkel“ (t), welcher 6 Stunden oder 90^0 ist, wenn die Ebene des Stundenkreises senkrecht auf dem Meridian steht.

Blickt man Nachts zum Sternenhimmel empor, so wird man sehr bald gewahr, dass die Weltachse nicht senkrecht nach oben, sondern auf einen Punkt in der Nähe des Polarsternes, α im kleinen Bären, zeigt.

Dieser Stern ist bei günstiger Witterung in unseren Breiten die ganze Nacht hindurch sichtbar und bewegt sich für das unbewaffnete Auge nicht von der Stelle. Er muss also der Ruhepunkt der Weltachse sein.

Man findet ihn sehr leicht, wenn man die Verbindungslinie der Sterne α und β im grossen Bären ungefähr fünfmal nach oben verlängert.

Es ist nun ganz einerlei, ob wir, der Wirklichkeit entsprechend, die Erde drehend und das Himmelsgewölbe als fest, oder umgekehrt, letzteres rotierend, unsern irdischen Standpunkt aber als unveränderlich annehmen. Denn die nautische Astronomie misst und berechnet Richtungsunterschiede; es ist also gleichgiltig, welchen Schenkel des zu bestimmenden Winkels man als fest, welchen man als beweglich ansehen will.

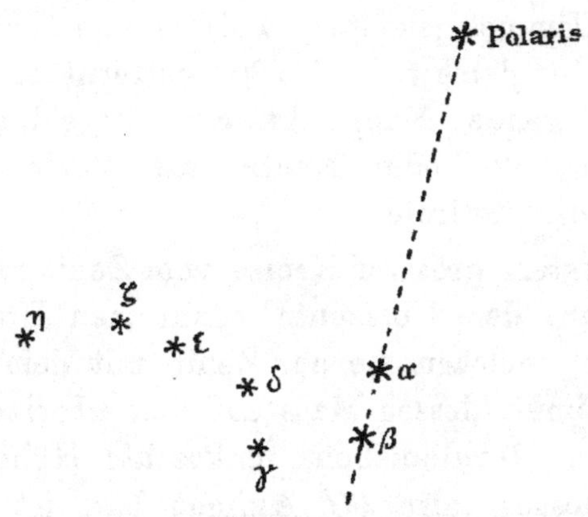

Fig. 47. Grosse Bär mit Polarstern.

Nehmen wir nun an, die Erde stehe still, und das Himmelsgewölbe vollende in 24 Stunden eine Achsendrehung, so muss innerhalb dieser Zeit jeder Punkt des Aequators und jeder durch ihn gelegte Stundenkreis einmal in die Lage kommen, dass er, genügend erweitert, in eine Ebene fällt, welche durch Erdmittelpunkt und Sonne geht.

Dieser Kreis heisst Himmels-Meridian und teilt

den Himmel in die östliche und westliche Hälfte, geht natürlich durch beide Pole und steht auf dem Aequator senkrecht.

Wir sehen aber niemals die ganze Himmelskugel, da unser Gesichtsfeld durch den „Horizont" begrenzt wird. Dieser „wahre Horizont" ist ebenfalls ein grösster Kreis durch den Erdmittelpunkt und steht senkrecht auf dem Meridian. Die Schnittpunkte beider Kreise heissen Nord- und Südpunkt.

Zenit *) oder Scheitelpunkt ist derjenige Punkt des sichtbaren Himmelsgewölbes, welcher von allen Punkten desHorizontes gleichweit, also 90°, entfernt ist. Der ihm gegenüberliegende Endpunkt des Kugeldurchmessers heisst Fusspunkt oder Nadir, die Verbindungslinie beider ist die Lotlinie.

Ein System grösster Kreise vom Zenit nach Nadir, senkrecht auf dem Horizonte, nennt man Höhenkreise, den Winkel, welchen sie am Zenit mit dem Meridian bilden: Azimut, dessen Mass auf dem Horizonte liegt. Der auf der Meridianebene senkrechte Höhenkreis, in dem ein Gestirn also 90° Azimut hat, ist der erste Vertikal und geht durch den Ost- und Westpunkt des Horizontes. Der Bogen x m ist die Höhe, der senkrechte Abstand eines Gestirnes vom Horizonte; x z, das Komplement dazu, heisst Zenitdistanz, z, welche den kleinsten Wert erreicht, wenn das Gestirn am höchsten, im Meridian, steht. m = Meridianzenitdistanz, z. B. D $z = \varphi - \delta$.

---

*) Siehe Anmerkung S. 37 u.

Punkte		Linien		Bögen		Kreise		Winkel	
Z	Zenit	ZF	Lotlinie	DS	⊙ M. H. bei ndl. Deklinat.	ZSFN	Meridian	t	Stunden winkel
F	Nadir	NS	Nordsüdlinie	AS	⊙ M. H. bei 0° Deklinat.	ZxnF	Höhenkreis	K	Azimut v. Nord.
A	höchster Aequator Punkt	PP'	Weltachse	LS	⊙ M. H. bei sdl Deklinat.	PyP'	Stundenkreis	K'	Azimut v. Süden
Q	tiefster Aequator Punkt	pp'	Erdachse	Sn	Azimut i. Horzt. gemessen	DD'	nrdl. Deklin.-Parallel	ZxP	parallaktischer Winkel
N	Nord Punkt des Horizontes			nN	„ i. Horzt. gemessen	AQ	Aequator		
S	Süd Punkt des Horizontes			Ay	Mass des Stundenwinkels	LL'	südl. Deklin.-Parallel		
O	Ost|West Punkt des Horizontes			xn	Höhe h	ZOF	Erst. Vertikal		
P	Nord Pol			xZ	Zenitdistanz = z	POP'	6 Uhr-Kreis		
P'	Süd Pol			xy	Deklination = δ	SON	wahrer Horizont		
D	Ort der ⊙ Mittgs. bei nrdl. δ			xP	Poldistanz				
L	Ort der ⊙ Mittgs. bei südl. δ			oO	Amplitude				
D'	Ort der ⊙ Mitternachts b. nrdl. δ			oD	halber Tagbogen				
L'	Ort der ⊙ Mitternachts b. südl. δ			oD'	„ Nacht „				
o . O . o	Aufgangspunkte der ⊙								

(Siehe Fig. 48.)

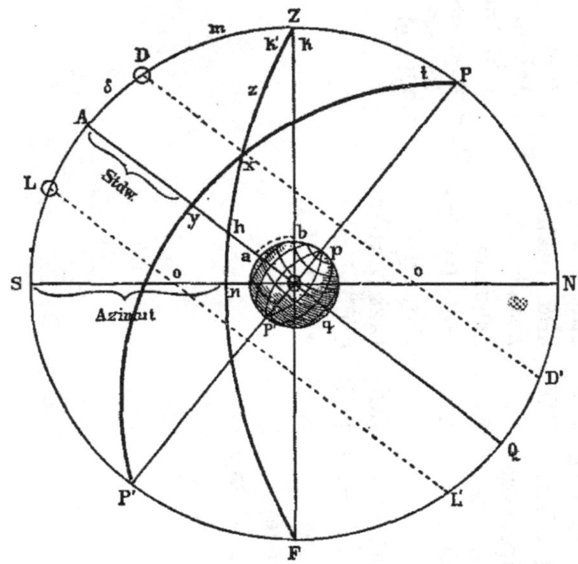

Fig. 48. Einteilung des Himmelsgewölbes.

Wie man zwecks Zählung der Längengrade auf der Erde einen 0 Meridian annehmen musste, so hatte man auch für die Stundenkreise einen Anfangspunkt zu suchen. Dieser 0 Punkt am Himmel ist der Widderpunkt, ♈, der Durchschnitt von Aequator und Ekliptik. Letzterer grösste Kreis ist gegen jenen rund $23^1/_2{}^0$, die Schiefe der Ekliptik, geneigt, verändert aber seine Lage fortwährend, so dass die Schnittpunkte ♈ und ♎, Waage, jetzt ungefähr $30^0 = 2$ Stunden mehr nach Westen vorgerückt sind, (Praecession), als zur Zeit der Anfertigung von Hipparchus erstem Fixsternverzeichnis (160—125 v. Chr.)

Die Ekliptik ist die scheinbare Jahresbahn der ⊙ am Himmel, die nur zweimal während dieses Zeitabschnittes im Aequator steht. Diese „Tag- und Nachtgleichen“ finden im Jahre 1900 am 21. März und 22. September statt, Frühlings- bezw. Herbst-Anfang.

Sonst hat die ⊙ einen stets veränderlichen Abstand (δ) vom Aequator, am weitesten nach N am 21. 6, nach S am 22. 12. 1900 mit rund $23^1/_2{}^\circ$. Man findet, wie schon in § 11 ausgeführt, die ⊙δ für jeden Mittag im Nautischen Jahrbuche angegeben, ebenso ihre stündliche Zu- oder Abnahme.

Man stellt sich am Lande ein Fernrohr mit Fadenkreuz in der Südrichtung fest auf und regelt durch Aenderung der Pendellänge den Gang einer Uhr so, dass sie genau 24 Stunden zwischen zwei aufeinander folgenden Fadendurchgängen desselben Fixsternes zeigt und rückt ihre Zeiger am 23. September 1900 mittags genau auf $12^{\mathrm{u}}\ 0^{\mathrm{m}}\ 0^{\mathrm{sec.}}$, so hat man eine nach „Sternzeit regulierte“ Uhr. Dieselbe wird gegen eine, gewöhnliche Sonnenzeit anzeigende, täglich $3^{\mathrm{m}}56^{\mathrm{sec.}}$ gewinnen.

Um diesen Betrag kommt ein Fixstern jeden Tag früher, oder richtiger, die Sonne jeden Tag später in den Meridian, weil sie scheinbar vom ♈ weg nach Osten zu rückt. In Wirklichkeit schreitet jedoch die Erde auf ihrer Bahn um die Sonne gerade soviel vorwärts und langt nach Jahresfrist wieder beim Ausgangspunkte an.

Der sich täglich vergrössernde scheinbare ⊙ Abstand vom ♈, welcher auf dem Aequator gemessen wird, heisst Gerade-Aufsteigung oder Rectascension,

AR, welche das Jahrbuch für jeden Mittag unter „Sternzeit im mittleren Gr. Mittg.“ giebt.

Die über das ganze Himmelsgewölbe verteilten Fixsterne sind in einem Verzeichnis des Naut. Jahrb. nach ihrer Rectascension geordnet.

Jeder in dem durch den ♈ Punkt gelegten Stundenkreise befindliche * hat 0^u AR, während alle anderen in 1, 2, 8 u. s. w. Stunden östlich vom ♈ gezogenen Stundenkreisen stehenden ** 1, 2 oder 8 Stunden Rectascension haben müssen.

Einleuchtend ist ferner, dass durch die Himmelsdrehung zuerst die Sterne mit 0, dann die mit 1, 2, 8^u u. s. w. AR unsern im Meridian stehenden Fernrohrfaden passieren, oder wie man auch sagt, kulminieren müssen.

Steht nun z. B. * α Tauri, Aldebaran, dessen AR $= 4^u\ 30^m$ ist, im Meridian, dann ist der ♈ Punkt natürlich schon $4^u\ 30^m$ früher dort gewesen, in welch letzterem Augenblicke die * Uhr $0^u\ 0^m\ 0{,}0^{sec.}$ zeigte.

Zur Zeit der Kulmination von Aldebaran muss dieselbe Sternuhr demnach $4^u\ 30^m$ angeben, es ist also die AR des gerade im Meridiane befindlichen Sternes stets gleich der Sternzeit. Wenn die ⊙ kulminiert, also mittags, ist die ⊙ AR = * Zeit, wie im Jahrbuche gegeben.

Steht α Aquilae, * Atair, dessen AR $19^u\ 45^m$ beträgt, am 15. Oktob. 1900 im Meridian, so ist nach eben voraufgegangener Erklärung auch die * Zeit $= 19^u\ 45^m$. Mittags ist aber nach S. 129 des Naut. Jahrbuchs die Sternzeit schon $13^u\ 34^m$, folglich Zeit der * Kulmination $6^u\ 11^m$ Nachmittag.

Da aber, wie oben erklärt, der Sterntag $3^m 56^{sec.}$, die Sternstunde also rund $10^{sec.}$ kürzer, als die gleichnamigen Abschnitte der Sonnenzeit, so muss $6^u\ 11^m$ um diese „Verzögerung“ verkürzt werden. Man setzt entweder die Proportion an: $24^u : 3^m 56^{sec.} = 6^u\ 11^m : x$ oder benützt eine zu diesem Zwecke berechnete „Schalttafel“, welche für unser Beispiel, $6^u\ 11^m$, eine Korrektion von $59{,}1^{sec.} + 1{,}8^{sec.} = 1^m\ 1^{sec.}$ ergiebt. Nach dieser Verbesserung wird also die Kulmination des Atair am 15. Oktob. 1900 um $6^u\ 10^m$ Nachm. statthaben.

Will man die Zeit ganz genau finden, so muss die im Jahrbuche für Gr. Mittag gegebene Sternzeit, ebenfalls mit Hilfe der Schalttafel, für Orts-Mittag umgerechnet werden.

Steht Atair bei $19^u\ 45^m$ gerade im Meridian, dann ist er noch 2^u östlich davon, wenn die Sternzeit $17^u\ 45^m$ beträgt, t ist 2^u Ost, oder 22^u West.

Dagegen ist $t = 2^u$ W, Atair also bereits 2^u vorher durch den Meridian gegangen, wenn die Sternzeit $21^u\ 45^m$ beträgt.

* AR.	$19^u 45^m$	* Zt. d. Beob.	$21^u 45^m$	* t	$2^u\ 0^m$
— * Zt. Mtg.	$13^u 34^m$	* AR —	$19^u 45^m$	* AR +	$19^u 45^m$
	$6^u 11^m$	* t =	$2^u\ 0^m$	* Zt. d. B.	$21^u 45^m$
— Verzögerg. —	1^m				
* Kulminat.	$6^u 10^m$				

Die Sonne ist uns im Winter näher, im Sommer ferner, was man am Durchmesser ihrer Scheibe erkennen kann. Sie rückt scheinbar nicht mit gleicher Geschwindigkeit in der Ekliptik vorwärts, sondern in der Erdnähe schneller, in der Erdferne langsamer, es verfliessen also zwischen zwei aufeinander folgenden Kulminationen nicht immer die gleichen Zwischenzeiten. Die Uhren müssten deshalb die Tage, von einem Mittag zum andern, im Winter und Sommer verschieden lang, ebenso die Stunden, Minuten und Sekunden ungleich abmessen.

Um diese Kompliziertheit zu vermeiden, denken sich die Astronomen eine „mittlere Sonne", welche nicht in der Ekliptik, sondern im Aequator mit stets gleichmässiger Geschwindigkeit vorwärts rückt, den Umlauf aber mit der wahren Sonne zu gleicher Zeit vollendet. Sie eilt bald vorauf, bald bleibt sie zurück; der Unterschied wird Zeitgleichung genannt und im Jahrbuche für jeden Mittag mit der stündlichen Aenderung gegeben. Auch das Vorzeichen, mit welchem die Zeitgleichung an die „wahre Zeit" angebracht wird, um „mittlere" zu erhalten, ist beigefügt. Will man umgekehrt einmal die mittlere Zeit in wahre verwandeln, so muss natürlich das entgegengesetzte Vorzeichen angewandt werden.

§ 21. **Höhenberichtigung.**

Der mit dem Sextant gemessene Kimmabstand bedarf, ehe man damit rechnen kann, verschiedener Verbesserungen. Der wahre, wie der „scheinbare" Horizont sind unsichtbar, letzterer wird parallel jenem durch des Beobachters Auge gedacht. Gemessen werden die Höhen der Gestirne über der Kimm, dem „Seehorizonte". Derselbe liegt um einen Winkel, Kimmtiefe genannt, unter den beiden andern.

Da der Beobachter b gewöhnlich eine Erhebung

über der Meeresoberfläche, eine Augeshöhe von mehreren Metern, in der Fig. 49 = ab, hat, so sieht er in der Richtung bk dorthin, wo der Sehstrahl in k die Meeresoberfläche berührt. Zieht man solche Tangenten vom Beobachter aus nach jeder Richtung hin, so entsteht der rings um b als Zentrum liegende „Gesichtskreis", der in Fig. 49 durch den punktierten Kreis auf der Erde angedeutet wird.

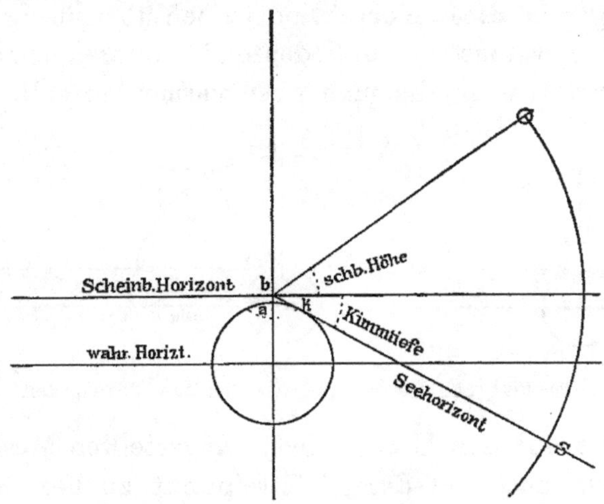

Fig. 49. Höhenberichtigung.

Die Kimmtiefe ist von der Augeshöhe abhängig, man muss aber viermal so hoch steigen, wenn man die Tangente bk doppelt so lang haben will, wie eine Zeichnung leicht veranschaulichen kann.

Die Erdatmosphäre bricht die Lichtstrahlen, dadurch wird die Kimm scheinbar erhöht, die wahre Kimmtiefe aber verkleinert. Ihren Wert, für Augeshöhe in Metern berechnet, kann man aus Tafel VIII des nautischen Jahrbuches nehmen.

Die Strahlenbrechung lässt uns auch die Gestirne höher erscheinen, als sie in Wirklichkeit stehn, sie muss demnach von der Messung subtrahiert werden. Der mittlere Wert ist aus Tafel IX des J.-B. zu entnehmen und kann bei genauen Rechnungen noch für den jeweiligen Zustand der Luft und ihr Brechungsvermögen, das man aus Barometer- und Thermometerstand ableitet, verbessert werden. Für Kimmbeobachtungen ist diese Korrektion jedoch überflüssig; denn sie ist meistens zu unbedeutend, ausgenommen bei niedrigen Höhen, die man aber vermeiden soll.

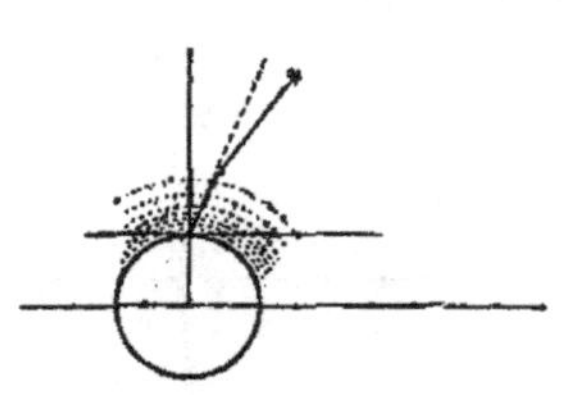

Fig. 50. Strahlenbrechung.

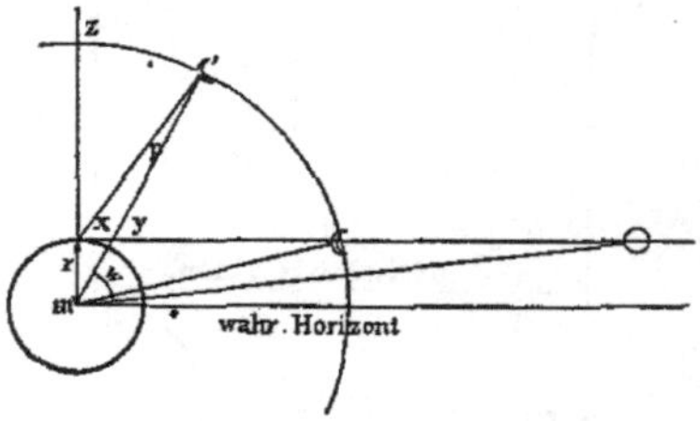

Fig. 51. Parallaxen.

Die auf der Erdoberfläche angestellten Messungen sind nun noch auf deren Mittelpunkt zu beziehn.

Man beobachtet $< x$, will aber w haben.

$$< y = w = x + p$$

p ist die Parallaxe, welche im Horizonte, (Höhe = 0), am grössten, im Zenite, (Höhe = 90^0), aber 0 ist, also mit dem cos der scheinbaren Höhe abnimmt. Daher

Höhen Par. = Hor. Par. cos schb. Höhe.

Sie ist ferner vom Erdabstande des Gestirnes abhängig. Fig. 51 zeigt deutlich, dass ☾ die grössere, ⊙ die kleinere Parallaxe hat; für Fixsterne ist sie in der Nautik immer gleich Null anzunehmen.

Dem Parallaxenwinkel liegt im Dreiecke der Erdhalbmesser gegenüber. Wird dieser kleiner, wie es wegen der Erdabplattung nach den Polen zu thatsächlich der Fall ist, muss auch die Parallaxe mit der Breite abnehmen. J.-B. Tafel XVII, nur beim ☾ in genauen Rechnungen anzuwenden.

Bei Höhenmessungen von ☉ oder ☾ bringt man den Unter- oder Oberrand mit der Kimm in Berührung. ☉̲, ☾̲. Da man Mittelpunktshöhen sucht, muss der Halbmesser addiert, bezw. bei Oberrandbeobachtungen subtrahiert werden.

Im J.-B. findet man den vom Erd-Mittelpunkte berechneten, wahren Halbmesser. Beim Monde macht es einen Unterschied, wenn man den von der Erdoberfläche gesehenen Halbmesser anwendet.

Dieser scheinbare Radius ist natürlich, weil man dem Monde näher, grösser, als der im J.-B. gegebene und bedarf dann einer Korrektion, welche Tafel XVII des J.-B. enthält.

An wahre Höhen ist wahrer, an die scheinbaren Höhen scheinbarer Halbmesser anzubringen.

Man kann natürlich die sämtlichen Höhenberichtigungen zu einer einzigen „Gesamtbeschickung“ zusammenziehn, wie Fulst in Tafel 17—19 für ☾, Sterne und ☉̲ gethan hat.

§ 22. Bestimmung der Breite aus Meridian-Höhen.

Aus Fig. 48 geht hervor, dass der Bogen ab auf der Erdoberfläche das Mass für < aOb am Erdmittelpunkte ist. Dieser Bogen kann auch am Himmel durch den gleichwertigen AZ gemessen werden.

Wenn sich ein Gestirn bei A befindet, so können wir den Bogen AS, die Meridianhöhe, leicht mit dem Sextant messen. Subtrahiert man diesen, in wahre Höhe verbesserten Bogen von 90°, so erhält man AZ = ab = φ, die Breite.

Die Sonne steht aber nur zweimal während eines Jahres im Aequator, man muss also bei diesen Bestimmungen ihren stets veränderlichen Abstand von demselben, die Deklination (δ), in Rechnung ziehn.

Steht ⊙ des Mittags in D, so misst man als Meridianhöhe DS. 90°—DS = m ist die Meridianzenitdistanz, zu welcher DA = δ zu addieren ist, um jetzt φ zu erhalten.

Die Figur zeigt uns ferner, dass die Grösse ZL, ⊙ Meridianzenitdistanz bei südlicher δ, um diese Grösse zu verkleinern ist, will man φ haben.

Regel: Die von 90° subtrahierte wahre Höhe giebt die Meridianzenitdistanz m, welche die entgegengesetzte Bezeichnung der ersteren (N.S) erhält.

m und δ werden addiert, wenn gleichnamig,
„ „ „ „ subtrahiert, „ ungleichnamig. Die Summe erhält das gemeinsame, der Unterschied erhält das Vorzeichen des grösseren Wertes.

Beispiele:

	90°	90°	90°
h	66° 43′ S	66° 36′ N	14° 17′ S
m	23° 17′ N	23° 24′ S	75° 43′ N
δ	16° 31′ N	22° 2′ N	10° 31′ N
φ	39° 48′ N	1° 22′ S	86° 14′ N

Die letzte Figur zeigt die ausserordentlich hohe s. Z. von Nansen erreichte Breite 86° 14′. Man sieht,

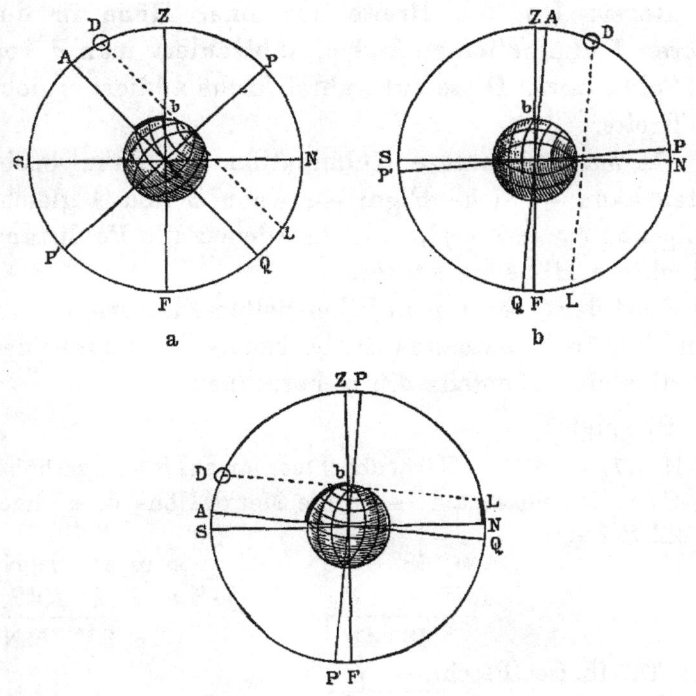

Fig. 52. Meridianfiguren.

dass der tiefste Punkt L des Deklinationsparallels noch nicht bis zum Horizonte hinabreicht.

Man kann also in L die Mitternachtshöhe, d. h. die niedrigste, innerhalb 24 Stunden von der ⊙ erreichte Höhe beobachten.

$$LN = h \quad h + PL = PN.$$

Der Bogen PN heisst „Polhöhe“ und ist gleich der Breite

$$AZ = \varphi \quad AP = ZN = 90^0$$

Subtrahiert man von beiden Rechten den Bogen PZ, dann bleibt Gleiches, folglich: Polhöhe = φ.

Regel: Um die Breite aus einer Höhe in der unteren Kulmination zu finden, subtrahiert man δ von 90° (Poldistanz). Diese zur wahren Höhe addiert ergiebt die Breite.

Da man die untere Kulmination nur dann beobachten kann — siehe Figur —, wenn φ und δ gleichnamig und $\delta > (90^\circ - \varphi)$, so ist in jedem Falle Poldistanz und untere Höhe zu addieren.

Statt der ☉ kann man jeden hellen Fixstern, dessen δ im Jahrbuche enthalten ist, beobachten und aus seiner Meridianhöhe ebenfalls die φ berechnen.

Beispiele:

Nro. 1. Am 3. 12. 1900 beobachtet man aus 5 m Augeshöhe, Ind.-Corr. des Sextanten — 1′, die Merid. Höhe d. ✱ Rigel 48° 42′ S ? φ[1])

✱	48° 42′ S	✱ m	41° 24′ N
I.-C	— 1	J.-B ✱ δ	8° 19′ S
	48° 41′	φ	33° 5′ N
Fulst. Taf. 18. Ges. Besch.	— 5′		
✱ w H	48° 36 S		

Für Gestirne deren δ veränderlich ist, muss dieselbe erst, am bequemsten mit der Schalttafel, für die entsprechende Gr. Zeit der Beobachtung umgerechnet werden.

Nro. 2. Am 6. 5. 1900 in 50° N, 45° 22′ W beobachtet man ☉ 66° 31′ S ? φ

wahrer Orts-Mittag	0u 0m 6,5.		☉ 66° 31′ S
Lg. in Zeit	+ 3u 1m	Ges. Besch.	+ 11′
wahr. Gr. Zeit	3u 1m 6,5.	h	66° 42′ S

[1]) In sämtlichen folgenden Aufgaben ist stets 5 m Augeshöhe, I.-C. = 0 angenommen.

			90°
⊙δ f. 0ᵘ Gr. 6./5.	16° 29',2 N		m 23° 18' N
42''. 3 +	2',1		δ 16° 31' N
⊙δ für Beob.	16° 31',3 N		φ 39° 49' N

Der Meridiandurchgang der ⊙ ist stets 0ᵘ 0ᵐ, denn von diesem Augenblicke an beginnt der Astronom den Tag zu zählen. ☾ und Planeten jedoch, sowie die Fixsterne kulminieren zu irgend einer andern Zeit. Die letzteren kommen hier nicht in Betracht, weil ihre δ nicht verbessert wird. Für die beiden anderen Arten kann die Kulminationszeit jedes Tages aus dem Jahrbuche entnommen werden.

Nro. 3., 2. 9. 1900 in 46° 5' *S*, 95° 26 *O* beobachtet man die Merid.-Höhe des Planeten Saturn ♄ 66° 40' *N*.

♄ Merid.-Durchg. 2. 9. =	7ᵘ 7ᵐ	J. B. S. 121	♄ 66° 40' *N*
O Lg. i. Zeit —	6ᵘ 22ᵐ	Ges. Besch.	— 4,5
M. Gr. Z. 2. 9.	0ᵘ 45ᵐ		♄ 66° 36' *N*
			90°
♄ δ f. Gr. 0ᵘ 2. 9.	22° 36',1 *S*		m 23° 24' *S*
0',4 × 0,8	0		δ 22° 36' *S*
♄ δ f. Beob.	22° 36'		φ 46° 0' *S*.

Wird eine ☾ Merid.-Höhe gemessen, so ist die Verspätung des Meridiandurchganges zu berücksichtigen.

Kulminiert ☾ z. B. am 29. Oktober 1900 in Greenwich um 4ᵘ 35ᵐ und am 30. um 5ᵘ 27ᵐ, so bleibt er in 24 Stunden oder 360° genau 52ᵐ, in 1ᵘ oder 15° aber 2,17ᵐ zurück, was in einer Nebenspalte im J. B. dem Meridiandurchgange beigefügt ist.

In 30° W = 2ᵘ LU. findet die Kulmination dann

2,17 . 2 = $4{,}3^m$ später, (auf 30° O Lg. demgemäss ebensoviel früher) statt, also erst $4^u\ 35^m + 4{,}3 = 4^u\ 39^m$ p. m. d. 29. 10.

Dann ist es aber in Gr. schon 2 Stunden mehr, also bereits $6^u\ 39^m$ Nachm.

Für diese Gr. Zeit sind nunmehr, wie vorne im Abschnitt über das Jahrbuch ausführlich gezeigt, ☾ δ, ☾ Par. und ☾ r umzurechnen.

No. 4. 29. 10. 1900 in 39° 50′ *S* und 30° *W* beobachtet man ☾ M. H. 68° 30′ *N.*

Merid. Durchg. in Gr.	$4^u\ 35^m$		
Verspätg.	$+\ 4^m$	☾	68° 30′
☾ Merid. Durchg. i. 30° *W*	$4^u\ 39^m$	Ges. Besch.	+ 32′
W. Lg. i. Zt.	$+\ 2^u$	H	69° 2′ *N*
Gr. Zt. d. Beob. 29.|10	$6^u\ 39^m$ p		90°
Verb. ☾ δ[1])	18° 45′ 50″ *S*	☾ m	20° 58′ *S*
„ ☾ Hor. Par.	56′ 57″[2])	„ δ	18° 46′ *S*
„ ☾ r	15′ 32″	„ φ	39° 44′ *S*

Kann man ein Gestirn im unteren Meridiane beobachten — über die Bedingungen der Möglichkeit siehe Fig. 52 c, — so muss natürlich Höhe und δ ebenfalls nach bekanntem Verfahren verbessert und die Rechnung, wie bei Fig. 52 c S. 107 gezeigt, ausgeführt werden.

Die Zeit der unteren Kulmination für die ☉ ist $12^u\ 0^m$, für ☾ und Planeten gleich Zeit der ober. Kulmination $\pm \frac{1}{2}$ ☾ (Planeten)-Tag.

---

[1]) Des Mondes δ, Par. und Halbmesser Verbesserg. S. 71.

[2]) Korr. für Erdabplattung bleibt als zu unbedeutend fort.

Der halbe Mondestag vom 29.—30. Oktober 1900 würde nach dem vorhin für ☾ ob. Merid.-Höhe gegebenen Beispiele sein gleich $12^u + 12 . 2,17 = 12^u$ 26^m. Die untere Kulmination am 29. 10 in 30° W würde also 4^u $39^m — 12^u$ $26 = 4^u$ 13 morgens stattgefunden haben.

Der halbe ♄ Tag vom 2. bis 3. 9 würde 12^u weniger 2^m sein, da ♄ am 2. 9. um 7^u 7^m, am 3. 9 aber bereits um 7^u 3^m, also 4^m früher den Meridian passiert.

Man wird jedoch seltener Gelegenheit finden, diese Beobachtungen anzustellen, weil sie nur in höheren Breiten möglich sind, wo $\delta > 90^0 — \varphi$ und gleichnamig.

§ 23. Zeitbestimmung.

Der Winkel am Pol zwischen Meridian und Stundenkreis (Fig. 53) ist der Stundenwinkel t, der uns bekanntlich den in Zeit verwandelten Meridionalabstand des Gestirns angiebt.

Bei der ⊙ ist t nachmittags gleich der wahren Zeit, Vormittagsstundenwinkel müssen erst von 12 oder 24^u subtrahiert werden, um wahre Zeit zu ergeben.

Man misst die Höhen zur Berechnung von t im oder in der Nähe des I. Vertikals, weil sie dann am schnellsten ändern, und kleine Fehler in der Messung sowie in der angenommenen Breite den geringsten Einfluss auf das Resultat haben.

Im △ ZPG sind gegeben

$b = 90^0 — \varphi$ nach Loggerechnung oder direkter Beobachtung

$p = 90^0 — \delta$ aus dem Jahrbuche

$z = 90^0 — h$ durch die Höhenmessung.

Man kann nun nach einer der drei Formeln für sin, cos, tang des halben Winkels t und daraus die wahre Zeit finden, welche durch Hinzufügung der Zeitgleichung noch in mittlere zu verwandeln ist.

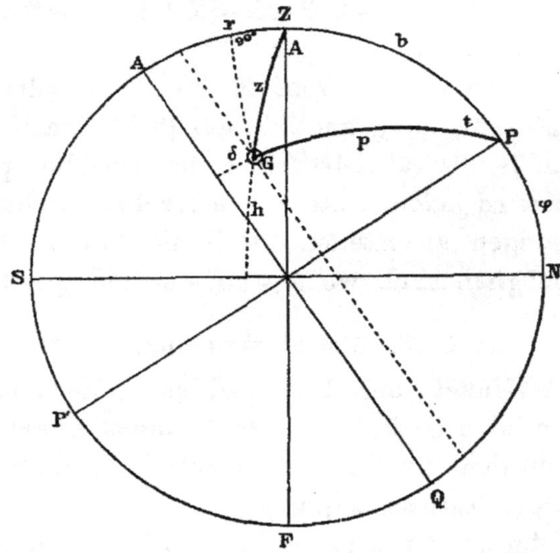

Fig. 53. Das astronomisch-nautische Dreieck.

Im Momente der Messung, den der Beobachter durch den Ruf „stop“ markiert, notiert ein Gehülfe die Angabe einer Sekundenuhr. Die Vergleichung dieser mit der berechneten mittleren Zeit giebt die Uhrkorrektion, welche wie der Chronometerstand mit + = zu spät, mit — = zu früh bezeichnet wird.

Nach der Grundgleichung der Kugeldreiecke ist

$$\cos z = \cos b \,.\, \cos p + \sin b \,.\, \sin p \cos t$$

$$\sin h = \sin \varphi \cos p + \cos \varphi \sin p \,.\, \cos t$$

$$\frac{\sin h - \sin \varphi \cos p}{\cos \varphi \sin p} = \cos t$$

$$1 - \frac{\sin h - \sin \varphi \cos p}{\cos \varphi \sin p} = 1 - \cos t = 2 \sin^2 \frac{t}{2}$$

$$\frac{\cos \varphi \sin p + \sin \varphi \cos p - \sin h}{\cos \varphi \sin p} = 2 \sin^2 \frac{t}{2}$$

$$\sin(\varphi + p) - \sin h = 2 \cos \frac{\varphi + p + h}{2} . \sin \frac{\varphi + p - h}{2}$$

$$\frac{\cos {}^{s}/_{2} . \sin ({}^{s}/_{2} - h)}{\cos \varphi \sin p} = \text{semiv } t$$

Die für den semiversus berechneten nautischen Tafeln ersparen das Subtrahieren eines östlichen Stundenwinkels von 12 oder 24^u, indem die Spalten oben 1^u, unten 23^u u. s. w. bezeichnet sind. Man erhält also direkt wahre Ortszeit.

Wegen Unvollkommenheit unserer Sinne und Instrumente sind Beobachtungsfehler unvermeidlich.

Man kann aber mit grosser Wahrscheinlichkeit darauf rechnen, dass dieselben nach verschiedenen Seiten fallen.

Deshalb nimmt man schnell hintereinander mehrere, am besten 4 Höhen, addiert sie und teilt ihre Summe durch 4. Wenn nun zwei etwa zu gross, die andern beiden aber zu klein gemessen sind, gleichen sich die Ungenauigkeiten ziemlich aus.

Jedoch ist eine Hauptbedingung: die Index-Korrektion mit derselben Schärfe zu bestimmen, damit man die Wahrscheinlichkeit hat, auch hier die Ungenauigkeiten auszumerzen.

Darauf kann garnicht genug geachtet werden, weil ein etwaiger Fehler der Index-Korrektion mit seinem ganzen Betrage auf die Messung übergeht und, ungenau bestimmt, das Vervielfachen der Höhen illusorisch macht.

Am 17. 11. 1900 morgens gegen 8^u beobachtete man nach einer nahe richtig zeigenden Uhr in 42° 29′ S, 102° 14′ W

Uhr 8^u $5^m 13^{sec}$	$\underline{\odot}$ 37° 49′		
5 „ 47 „	53′		
6 „ 13 „	38° 1′		
6 „ 48 „	9′	verbess. $\odot \delta$ 18° 59′ 1″ S	
Mittel 8^u 6^m 0^{sec} a. m.	$\underline{\odot}$ 37° 58′	„ Ztgl. - $14^m 57^{sec}$	
Lg. i. Zt. $6^u 49^m$			
M.Gr.Zt. $2^u 55^m$ p. 17./11. w.	$\text{-}\!\odot\!\text{-}$ 38° 9′		

$$\text{semiv } t = \frac{\cos {}^s/_2 \, . \, \sin ({}^s/_2 - h)}{\cos \varphi \, \sin p}$$

h	38° 09′			
φ	42° 29′	log.	sec	0,1322
p	71° 1′	„	cosec	0,0243
s	151° 39′			
$^s/_2$	75° 49′,5	log.	cos	9,3890
$^s\|_2$—h	37° 40′,5	„	sin	9,7862
W. O.Zt.	20^u 19^m 12^{sec}	„	semiv	9,3317
Uhrzeit	20^u 6^m 0^{sec}	„		
Uhrkorr.	+ 13^m 12^{sec}	gegen W. O.Zt.		

Meistens braucht man an Bord wahre Zeit zu weiteren Bestimmungen.

Soll jedoch die mittlere Zeit gefunden werden, z. B. für die Chronometerlänge, so hat man die Zeitgleichung zu verwenden.

W. O. Zt.	20^u	19^m	12^{sec}	
Ztgl.	—	14^m	57^{sec}	
Mittl. O. Zt.	20^u	4^m	15^{sec}	
Uhrzeit	20^u	6^m	0^{sec}	
Uhrkorr.	—	1^m	45^{sec}	gegen mittl. O.Zeit.

Kann man bei deutlich sichtbarer Kimm einen Stern beim I. Vertikal beobachten, so ist diese Höhenmessung ebenfalls zur Zeitbestimmung tauglich.

12. 6. 1900 abends in 31° 45′ *S*, 86° 15′ *O* beobachtet man
Uhrzeit: 5 u 29 m p. m. ∗ Sirius 31° 53′ *W*
Gr. Zeit 23 u 44 m 11./6.

Rechnung wie vorhin bei ⊙

∗ δ — 16° 35′
∗ AR 6 u 40 m 45 sec
verb. ⊙ AR 5 u 21 m 22 sec

∗ t . . .	4 u 9 m 56 sec *W* *)
∗ AR . .	6 u 40 m 45 sec
∗ Zt. d. Beob.	10 u 50 m 41 sec
„ mittags	5 u 21 m 22 sec
M. O. Zt.	5 u 29 m 19 sec
Uhrzeit	5 u 30 m 0 sec
Uhrkorr.	— 0 m 41 sec

g. Mttl. O. Zt.

Auch ☾ und Planetenhöhen werden zu Zeitbestimmungen benützt. Diese Aufgaben löst man genau auf demselben Wege, man hat nur die AR und δ wegen ihrer schnellen Aenderung, besonders beim ☾, genau für die Gr. Zeit der Beobachtung umzurechnen.

§ 24. Chronometerlängen.

An Bord von Handelsschiffen pflegt man direkt nach dem Chronometer ohne Vermittlung einer sogenannten „Beobachtungsuhr“ zu notieren. S. 54 wurde ausführlich gezeigt, wie man zu Beginn der Reise die Abweichung der Chronometer- von der Greenwich-Zeit bestimmt.

Wir fanden dort, dass der Stand am 17. 10. 1900 10 m 20 sec. zu früh g. M. Gr. Zeit, der tägl. Gang 0,6 sec. gewinnend war.

*) vergl. § 20, Seite 101.

Am 17. 11., also nach 31 Tagen, würde das Chronometer demgemäss 31. 0,6 sec. = 18,6 sec. gewonnen, also einen Stand von —10 m 38,6 sec. g. M. Gr. Zeit erreicht haben.

Der Gangbetrag für Stunden kann hier unberücksichtigt bleiben, muss aber bei grösserem Werte in Rechnung gesetzt werden.

Chronom. zeigte zur Zeit der Höhenmessung S. 114

Chronom.	3 u 3 m 10 sec.	
Stand 17/11	— 10 m 39 sec.	
M. Gr. Zt.	2 u 52 m 31 sec.	17/11
M. O. Zt.	20 u 4 m 15 sec.	16/11
Zeituntsch.	6 u 48 m 16 sec. = Lg 102° 4′ W.	

Nach dem Besteck war man in 102° 14′ W, man hatte also eine „Versetzung“ desselben von 10′ Ost, wenn die berechnete Länge, d. h. die gemessene Höhe, benützte Breite und angenommene Chronometerkorrektion richtig waren.

Aus Fig. 53 ist leicht ersichtlich, dass der Stundenwinkel zu klein wird, wenn man die Höhe zu gross misst und umgekehrt. Durch die Formeln der hier nicht zu erörternden Differentialrechnung, sowie auch durch elementare Ableitung erhält man Gleichungen, welche die Beziehungen zwischen den einzelnen kleinen Fehlern (d) in t und h einerseits, sowie t und φ andrerseits ausdrücken.

$$dt = -dh.\ \sec\varphi.\ \operatorname{cosec} Azt$$

$$dt = d\varphi.\ \sec\varphi.\ \operatorname{cotg} Azt$$

Da nun sec 0° = 1 und sec 90° = ∞, so sind kleine Breiten für die Genauigkeit einer Zeitbestimmung günstiger, als grosse. Am Pol, sec ∞, kann man aus einer Höhenmessung die Zeit überhaupt nicht mehr bestimmen, da die Gestirne dem Horizonte parallele Bahnen beschreiben, ihre Höhen bei gleichbleibender Deklination also gar nicht ändern.

Da cosec $90^0 = 1$, cotg $90^0 = 0$, so soll das Gestirn, wie schon anfangs dieses Abschnittes bemerkt ist, in oder nahe bei dem I. Vertikal stehen, damit ein kleiner Fehler in der angenommenen Breite oder gemessenen Höhe von gar keinem oder doch geringem Einfluss auf t bleibt.

Hiergegen wird viel gesündigt, z. B. im Winter misst man auf nördlicher Breite ganz ruhig Sonnenhöhen zur Chronometerlänge, während das Gestirn südliche Deklination hat. Die ⊙ geht dann viel südlicher, als im Osten auf, passiert also den I. Vertikal schon unter dem Horizonte und ist deshalb für Zeitbestimmungen ungeeignet oder doch wenigstens höchst ungünstig. Die unvermeidlichen Beobachtungsfehler gehen vergrössert auf das Resultat über.

Bei gleichnamiger Breite und Deklination ist die grösste Höhenänderung:

φ	δ 8°		16°		24°		
10°	u 2	m 29	u 3	m 28	u 4	m 27	
30°	5	04	4	01	2	38	
50°	5	33	5	04	4	32	

Zeitbestimmungen sind also nicht etwa programmmässig morgens $8^1/_2$ Uhr, sondern nach unserer früheren Erklärung dann anzustellen, wenn die Resultate am wenigsten beeinflusst werden. Die beste Zeit, der Augenblick der schnellsten Höhenänderung, ist solcher Tabelle zu entnehmen.

§ 25. Breite aus Nebenmeridianhöhen.

In $\triangle$ ZPG, Fig. 53, lässt sich auch Seite b, mithin auch φ finden, wenn z gemessen und t aus den Angaben der Uhr oder des Chronometers, dessen Korrektion bekannt, ermittelt worden ist.

Fällt man von G aus das Lot Gr, so ist im $\triangle$ PGr $\sphericalangle r = 90^0$ und

$$\cos t . \operatorname{tg} p = \operatorname{tg} Pr \qquad \cos p : \cos Pr = \cos z : \cos Zr,$$

wie S. 10 unter den Formeln der sphär. Trigon. angegeben ist.

$$Pr - Zr = PZ = b \qquad 90^0 - b = \varphi$$

Obwohl diese rein sphärische Rechnung vollkommen zur Lösung dieser Aufgaben genügen würde, pflegt man dennoch lieber eine sehr bequeme, sogen. Näherungsmethode anzuwenden, in der jedoch, ein Uebelstand, die oft unsichere Bestecksbreite zur Ausrechnung mit benutzt werden muss.

Nach der Grundformel ist:

$$\cos z = \sin \varphi \sin \delta + \cos \varphi \cos \delta \cos t \qquad \text{und für } t = o$$

$$\cos m = \sin \varphi \sin \delta + \cos \varphi \cos \delta . 1$$

$$\cos m - \cos z = \cos \varphi \cos \delta \, (1 - \cos t)$$

$$2 \sin \frac{z+m}{2} \sin \frac{z-m}{2} = 2 \sin^2 \frac{t}{2} \cos \varphi . \cos \delta$$

Ist nun $\frac{z-m}{2} = \frac{u}{2}$, dann wird

$$\sin\frac{u}{2} = \text{semivers}\, t.\cos\varphi\cos\delta\, \text{cosec}\, \frac{m+z}{2}$$

Man beobachtet, wenn die ⊙ Meridianhöhe aus irgend einem Grunde nicht gemessen werden konnte, kurz vor oder kurz nach Mittag einen oder mehrere Kimmabstände und notiert dazu nach einer Uhr, meistens wohl direkt nach dem Chronometer, die Zeit.

Beispiel.

Am 17. 1. 1900 in gesch. Breite von 7° S, 59° 30′ Ost beob. man nach Chronom., das genaue Gr. Z. zeigte:

Gr. Zt.	$7^{u}\ 57^{m}\ 43^{sec}$		
O Lg. i. Zt.	$+3^{u}\ 58^{m}\ 0^{sec}$	w ⊙	75° 44′
M. O. Zt.	$11^{u}\ 55^{m}\ 43^{sec}$	⊙ z	14° 16′
verb. Ztgl. —	$10^{m}\ 11^{sec}$	verb. ⊙ δ	20° 48′ 27″ S.
W. O. Z.	$11^{u}\ 45^{m}\ 32^{sec}$	„ Ztgl.	$+10^{m}\ 11^{sec}$
⊙ t	$0^{u}\ 14^{m}\ 28^{sec}$		a. wahr. Zeit

$$\sin\frac{u}{2} = \text{semiv}\, t.\cos\varphi.\cos\delta\, \text{cosec}\, \frac{m+z}{2}$$

t	$0^{u}\ 14^{m}\ 28^{sec}$		log. semiv	6,9982
φ	7° 0′ S		„ cos	9,9968
δ	20° 48′ S		„ cos	9,9707
$\varphi - \delta = m$	13° 48′	$\left.\right\} \frac{m+z}{2}$ 14° 2′	„ cosec	0,6153
z	14° 16′			
u —	26′	$\frac{u^{*)}}{2}$ 13,1′	„ sin	7,5810

m′ 13° 50′ N**)
δ 20° 48′ S

φ 6° 58′ S.

*) Tafel 2 Fulst: sin kleiner Winkel.

**) m′ gleichnamig mit der Besteckbreite, ausgen., wenn $\delta > \varphi$ und beide gleichnamig.

Meistens ist aber die Länge nicht genau bekannt, da man seit der Zeitbestimmung östlich oder westlich gesegelt ist. Für die ⊙ wird, wie im vorigen Abschnitt behandelt, gewöhnlich morgens, wenn sie den I. Vertikal passiert, der Stundenwinkel und daraus die Länge berechnet. Man kann dasselbe auch nachmittags im W Vertikal vornehmen, jedoch wird der Navigateur bei günstigem Wetter die Morgenbeobachtung ungerne versäumen. Er weiss nie, wie sich die Witterung im Laufe des Tages gestalten, wie lange der Himmel klar bleiben wird. Ferner bringt man das Journal stets mittags in Ordnung. Breite und Länge soll in dasselbe eingetragen werden, man erledigt also, wenn möglich, die Vorarbeiten dazu am liebsten im Laufe des Morgens.

Hätte man im eben gegebenen Beispiele die ⊙ morgens 7^{u} 15^{m} im Vertikal beobachtet und aus dieser Messung die Länge bestimmt, so müsste man natürlich, die seitdem veränderte Differenz der Länge, bezw. Zeit in Rechnung bringen.

Das Chronometer, nach welchem auf Kauffahrern wohl in der Regel, wie bereits erwähnt, direkt beobachtet wird, hat meistens einen so geringen täglichen Gang von wenigen Sekunden, dass er für die kurze Zwischenzeit zwischen den beiden Beobachtungen vernachlässigt werden kann.

Einer meiner früheren Schüler, Hr. Brunswig hat vor einiger Zeit sehr handliche Tafeln zur schnellen, jedes logarithmische Rechnen überflüssig machenden Lösung dieser Methode herausgegeben. Dieselben ermöglichen durch ihre Uebersichtlichkeit und handliches

Format den Gebrauch auf der Kommandobrücke und gestatten, das Resultat zu ermitteln, ohne von Deck zu gehen.

Statt der ⊙ kann man auch jeden hellen * benutzen. Man muss dann t auf dem bekannten Wege aus ⊙ AR und * AR herleiten und darauf dieselbe Rechnung anstellen, wie bei der ⊙.

Da man zur Zeit der Breitenbestimmung auch die Höhe eines Ost oder West stehenden * für den Stundenwinkel, zwecks Gewinnung der richtigen Zeit, messen kann, fällt die bei der ⊙ nicht zu umgehende, Unsicherheit veranlassende Längenumrechnung: Zeit- bis Breitenbestimmung, oft fort.

Man muss nur die früher gegebenen Hinweise wegen genügend sichtiger Kimm streng beachten.

4. 4. 1900 in 2° 30′ geschätzter S Breite, beob. man ungefähr 2^u 20^m mrgs. nach Chronometer

7^u 21^m 28 sec	*Arcturus	63° 32′,0
22 16		25,5
23 5		20,5
23 31		16,0

Darauf segelt man r/w S 39° O 28^{sm} und findet mrgs. 7^u 20^m die Länge 89° 45′,2 Ost. Chron. Std. $+16^m$ $52^{sec.}$ g. M. Gr. Zt.

LU. von 7^u 20^m bis zurück zu 2^u 20^m für 5 Stunden Distz. 28^{sm} N 39° W giebt 17′,6 W. Das Schiff stand also morgens $2^1/_3{}^u$ in 89° 27′,6 O.

Das Mittel der Beobachtungen ergiebt:

Chron.	7^u 22^m $35^{sec.}$	* Arct.	63° 22,5
Std.	$+$ 16^m $52^{sec.}$	* w. H	67° 18′
M. Gr. Zt.	7^u 39^m $27^{sec.}$	* z	22° 42′

O Lg. Zt. 5u 57m 50sec.

M. O. Zt. 13u 37m 17sec. ∗AR 14u 11m 9sec.

M. ⊙ AR 0u 46m 42sec. ∗δ 19° 41′ 52″ N

∗Zt.d.Beob. 14u 23m 59sec. verb. m. ⊙ AR 0u 46m 42sec.

∗AR 14u 11m 9sec.

∗t 0u 12m 50sec.

$$\sin\frac{u}{2} = \text{semiv}\, t \,.\, \cos\varphi \cos\delta \,.\, \text{cosec}\,\frac{m+z}{2}$$

t 0u 12m 50sec.		log semiv	6,8942	
φ − 2° 30′		„ cos	9,9996	− 1
δ + 19° 42′		„ cos	9,9738	
φ − δ = m 22° 12′ z 22° 42′	22° 27′	„ cosec	0,4181	−27
− u 13′	$\frac{u}{2}$ 6′,6	„ sin	7,2857	−28
m, 22° 29′, S			−28	
δ 19° 42 N			7,2829 =	6,6
φ 2° 47′ S				

Breite nach Besteck war 2° 30′, womit die Aufgabe auch berechnet wurde. Gefunden ist aber $\varphi = 2^0 47'$.

Man wiederholt nunmehr die Rechnung mit diesem neuen, als richtiger angenommenen Werte. Bei einiger Uebung braucht man nur die Aenderungen in den log cos φ und log cosec $\frac{m+z}{2}$ aufzusuchen.

Die kleinen, rechts von der eigentlichen Rechnung stehenden Zahlen im letzten Beispiel geben die Abnahme beider Funktionen für die grösseren Werte an und zeigen, dass die Wiederholung in diesem Falle keinen Unterschied im Resultate ergiebt.

Auch in der Nähe der unteren Kulmination sind diese Bestimmungen auszuführen, kommen jedoch seltener zur Anwendung. Man gestaltet, da die semiv. Tafeln nur bis zu 8^u berechnet sind, die Formel für t, vom unteren Meridiane ab gerechnet, folgendermassen:

$$\sin \frac{u}{2} = \text{semiv}\, t_u \,.\, \cos \varphi \cos \delta \sec \frac{H + h}{2},$$

wo t_u der Stundenwinkel vom unteren Meridiane, h die Höhe in der unteren Kulmination $= \varphi + \delta - 90^0$ bedeuten.

H ist die in der Nähe des tiefsten Standes beobachtete, also grössere Höhe als h. Es muss deshalb u von H ebenfalls subtrahiert werden, um h, die niedrigste Höhe des unteren Meridiandurchganges, zu erhalten.

Der Polarstern ist bei günstiger Witterung auf nördlicher Breite die ganze Nacht sichtbar und bietet, da er bei seiner grossen Deklination immer ganz in der Nähe des Meridians bleibt, eine günstige Gelegenheit zum Bestimmen der Breite im oberen, wie unteren Meridian und in dessen Nähe.

Das nautische Jahrbuch bringt deshalb eine Tafel, die drei, an die wahre ✱ Höhe anzubringende Korrektionen enthält, so dass sich die Breite ohne wesentliche Rechnung ergiebt.

Für die erste dieser Verbesserungen ist das Vorzeichen in der Tafel beigefügt, II. und III. Korrektion sind stets zu addieren.

Beispiel.

13. 5. 1900 abends in $32^0 56'$ N, 18^0 W' beobachtete man:

Chron.	$9^{u}\ 9^{m}\ 58^{sec.}$		
„ -Stand	$-\ 3^{m}\ 26^{sec.}$	* Polaris w. H	31° 47′
Gr. Zeit	$9^{u}\ 6^{m}\ 32^{sec.}$	I Korr. +	1° 2′
W. Lg. i. Zt.	$-\ 1^{u}\ 12^{m}\ 0^{sec.}$		32°49′
M. O. Zt.	$7^{u}\ 54^{m}\ 32^{sec.}$	II + III Korr. +	1′
M ⊙ AR	$3^{u}\ 24^{m}\ 39^{sec.}$	φ	32° 50′
* Zeit d. Beob.	$11^{u}\ 19^{m}\ 11^{sec.}$		

In vielen Fällen wird in der Praxis die I. Korr. genügen, da die möglichen Beobachtungsfehler den Wert der beiden andern erreichen und übersteigen können.

§ 26. **Breite aus zwei Höhen und Zwischenzeit.**

Die Nebenmittagsbreite verlangt die Kenntnis der Ortszeit und des zwischen Zeit- und Breitenbestimmung etwa versegelten, genauen Längenunterschiedes, der durch die Loggerechnung eben nicht scharf genug bestimmt werden kann. Um diese Schwierigkeit zu vermeiden, beobachtet man zwei Höhen (-Reihen) desselben Gestirns, meistens der Sonne, in 90° von einander verschiedenen Peilungen und berechnet die Breite nach der zwar nicht strengen, für die Praxis des Seemannes aber vorzüglich geeigneten Methode des holländischen Admiralitäts-Mathematikers Douwe.

Wenn z eine kleinere, Z eine grössere Zenitdistanz desselben Gestirns bedeuten, so gehört zur ersteren auch ein kleinerer, zur zweiten, vom Meridian entfernteren, ein grösserer Stundenwinkel, die t, bezw. T bezeichnet werden sollen.

Nach der Grundgleichung ist wieder, wenn δ, wie Douwe ansetzt, unverändert bleibt:

$$\cos z = \sin\varphi \sin\delta + \cos\varphi \cos\delta \cos t \qquad \text{und}$$
$$\underline{\cos Z = \sin\varphi \sin\delta + \cos\varphi \cos\delta \cos T}$$
$$\cos z - \cos Z = \cos\varphi \cos\delta (\cos t - \cos T) \qquad \text{und}$$
$$2 \sin\frac{Z+z}{2} \,.\, \sin\frac{Z-z}{2} = \cos\varphi \,.\, \cos\delta\, 2 \sin\frac{T+t}{2} \,.\, \sin\frac{T-t}{2}$$
$$\frac{\sin\frac{Z+z}{2} \,.\, \sin\frac{Z-z}{2}}{\cos\varphi \,.\, \cos\delta \,.\, \sin\frac{T-t}{2}} = \sin\frac{T+t}{2}$$

Die Subtraktion des halben Unterschiedes von der nach dieser Formel gefundenen halben Summe beider Stundenwinkel ergiebt t für z, mit welchem dann die Nebenmittagsbreite genau wie im vorigen Abschnitte berechnet wird.

$\frac{T-t}{2}$ ist gleich der halben Zwischenzeit zwischen beiden Beobachtungen und muss für etwaigen Gang der Uhr verbessert werden. Ist statt ⊙ ein * zu den Beobachtungen benutzt, so ist die verflossene Zeit in Sternzeit-Intervall zu verwandeln, d. h. um die Beschleunigung zu vergrössern.

Douwe hat, wie bereits erwähnt, δ für beide Höhen gleich gesetzt, begeht also, wenn ⊙ gemessen, einen Fehler, der aber auf das Resultat den geringsten Einfluss dann ausübt, wenn man δ für die Gr. Zeit der grössten Höhe nimmt. Ungenau wird das Verfahren, wenn das Gestirn in der Nähe des Zenites kulminiert, wenn also $\delta = \varphi$ oder nahe gleich φ und beide Grössen gleichnamig sind.

In diesem Falle ist der Azimut-Unterschied zwischen beiden Höhen nicht gross, da der Deklinationsparallel nahe senkrecht zum Horizonte steht.

Um aber Fehler möglichst wirkungslos zu machen, muss der Unterschied der Peilungen beider Höhen an 90° sein, wie eingangs dieses Paragraphen betont wurde.

In der Zeit zwischen beiden Beobachtungen versegelt das Schiff. Die Zenitdistanzen beziehen sich also nicht auf denselben Scheitelpunkt. Man muss daher Höhe I so verbessern, als ob sie auch am Orte von II (oder umgekehrt II bei I) beobachtet wäre.

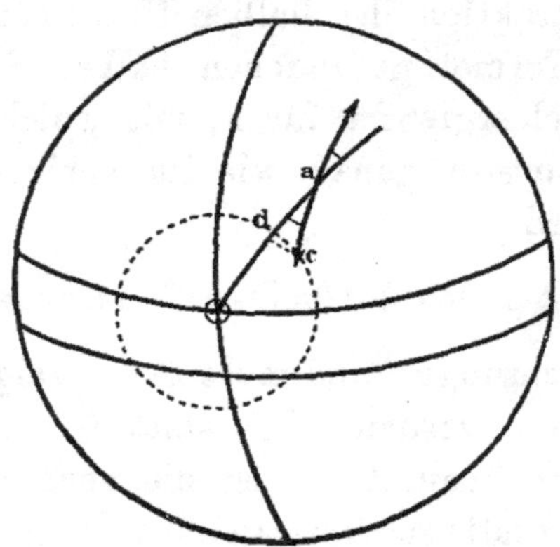

Fig. 54. Zenitreduktion.

Hat man sich inzwischen der ⊙ genähert, so ist offenbar I zu vergrössern, entfernte man sich durch Segelung aber, so muss Höhe I verkleinert werden und zwar für jede Seemeile direkter Annäherung genau 1′.

Sei Fig. 54 die Erdkugel, so wird die ⊙ mittags im Zenite desjenigen Beobachters stehn, dessen Abstand vom Aequator der Erde genau gleich und gleichnamig mit der Entfernung der ⊙ von dem des Himmels ist. Wenn δ ⊙ $= 16°$ N ist, so würde man von a aus mit einem südwestlichen Kurse die ⊙ Höhe jedesmal 1′ grösser messen, wenn man auf dem Bogen a ⊙ plötzlich eine Seemeile näher gerückt wäre.

Segelt man jedoch nicht recht auf die ⊙ zu, sondern etwa in der Richtung ac, so würde man die Höhe nur um ac . cos a = ad grösser erhalten. Man muss also bei schräger Annäherung die in der Zwischenzeit gesegelte Distanz mit dem cos des Winkels zwischen Kurs und ⊙ Peilung (∅) multiplizieren.

Reduktion von Höhe I auf II.

Winkel zwisch. Kurs u. ∅	0° (⊙ recht voraus)	: ganze Dist.	+
„ „ „ „ „	180° (⊙ recht achteraus):	„ „	—
„ „ „ „ „	90° (⊙ querab)	: Corr.	0
„ „ „ „ „	spitz	: Dist. cos Winkel	+
„ „ „ „ „	stumpf	: „ „ „	—

Soll II auf Zenit I gebracht werden, dreht man die Segelung um und verfährt wie oben.

Statt ⊙ kann natürlich auch * gepeilt werden.

Beobachtet man zwei verschiedene Fixsterne zur selben Zeit, so sind natürlich die beiden Deklinationen ungleich. Man muss dann nach den Regeln der sphärischen Trigonometrie mit Hülfe einer Anschauungsfigur rechnen.

Die Methode wird jedoch nicht häufig angewandt.

Beispiel für ⊙:

5 . 5 1900 in 42° 40′ N, 9° 20′ W beob. nach einem Chron., dessen Stand gegen mittl. Gr. Zeit — 1 m 13 sec. war, um:

0 u 47 m 43 sec ⊙ 63° 13′, segelt S 37° W 23 sm

und beob.
dann 4 u 14 m 3 sec ⊙ 36° 32′ ∅ S 82° W

Zwisch.-Zeit 3 u 26 m 26 sec ∢ 135° 23 sm II auf I

$\frac{T-t}{2}$ $1^u\,43^m\,10^{sec}$ ZR $-16'$

$36^\circ 43'$

Gangverb. 0 W ☉ $63^\circ 24'$ $36^\circ 27'$

$1^u\,43^m\,10^{sec}$ z $26^\circ 36'$ Z $53^\circ 33'$

$$\frac{\sin\frac{Z+z}{2}\cdot\sin\frac{Z-z}{2}}{\cos\varphi\,.\cos\delta\,\sin\frac{T-t}{2}}=\sin\frac{T+t}{2}$$

$$\text{und } \sin\frac{u}{2}=\text{semiv } t\,.\,\cos\varphi\,.\,\cos\delta\,.\,\text{cosec}\,\frac{m+z}{2}$$

Z $53^\circ 33'$ φ $42^\circ 40'$ log sec 0,1335

z $26^\circ 36'$ δ $16^\circ 13'$ „ sec 0,0176

$m=\varphi-\delta$ $26^\circ 27'$

„ A 0,1511 *)

$\frac{Z+z}{2}$ $40^\circ\ 4',5$ log sin 9,8088

$\frac{Z-z}{2}$ $13^\circ 28',5$ „ sin 9,3674

$\frac{T-t}{2}$ $1^u\,43^m\,10^{sec}$ „ cosec 0,3614

$\frac{T+t}{2}$ $1^u\,56^m\,56^{sec}$ „ sin 9,6887

Untersch. t $0^u\,13^m\,46^{sec}$ log semiv 6,9551

A colog 0,8489 *)

$\frac{m+z}{2}$ $26^\circ 31',5$ „ cosec 0,3501

$\frac{u}{2}$ $4',9$ „ sin 7,1541

z $26^\circ 36'$

$-$ u $10'$

m $26^\circ 26'$ N

δ' $16^\circ 13'$ N

φ $42^\circ 39'$ N.

*) Statt cos φ . cos δ zu addieren, kann man sec φ . sec δ subtrahieren oder colog A nehmen.

§ 27. Methode der Stand- oder Sumner-Linien.

Bei der Höhenberichtigung von I für Zenit II ist im vorhergehenden Abschnitte gezeigt, dass die ⊙ Mittags im Zenit des Ortes steht, dessen $\varphi = \delta$ und gleichnamig damit ist.

Es werden demnach (Fig. 54) alle Erdbewohner, die 900 sm von diesem Punkte entfernt sind, in der Peripherie eines Kreises von 15 Breitengrad Halbmesser sich befinden. Kleinere Abschnitte dieses Umfanges kann man wegen der geringen Krümmung als gerade Linien ansehen. Man misst also im selben Momente auf ganz verschiedenen Breiten genau dieselbe ⊙ Höhe — der gestrichelte Kreis der Fig. 54, — aber jeder Beobachter hat eine von seinem Nachbar verschiedene Länge und Breite. Die ⊙ ist der Mittelpunkt dieses Kreises, jede Peilungslinie nach ihr gezogen ist ein Halbmesser desselben. Letzterer steht nach bekanntem Geometriesatze senkrecht auf der Tangente, welche hier mit der Peripherie zusammenfällt.

Der amerikanische Schiffskapitän Sumner machte bei der Einsegelung in den St. Georgs-Kanal am 17. Dezember 1837 diese Entdeckung.

Er hatte längere Zeit trübes, unsichtiges Wetter gehabt und seit seiner letzten astronomischen Beobachtung ungefähr 700 sm zurückgelegt.

Da gelang ihm am genannten Tage gegen $10\frac{1}{2}$ Uhr vormittags die Messung einer $\underline{\odot}$ Höhe. Er berechnete nunmehr, weil er seinem Besteck nicht traute, daraus die Länge zuerst mit $52^0\,0'$, dann $52^0\,10'$, $20'$ und fand zu seiner Ueberraschung, dass alle drei Schiffsorte in gerader Linie ONO voneinander lagen.

Durch Nachdenken kam er zu dem richtigen Schlusse, dass diese nach ihm benannte „Sumner-Linie" nur ein Stück des eben näher beschriebenen Kreisumfanges mit ⊙ als Zentrum sein könne. Seine in die Karte eingetragene ONO Linie war also eine Sehne, welche zwei Punkte der Peripherie des Höhenparallels miteinander verbindet. Sie fällt ebenfalls, der Praktiker kann dies immer annehmen, mit dem Kreis-Umfang zusammen.

Will man nicht zwei Längen berechnen, so kann man das Finden des einen Stundenwinkels sparen, wenn man für die Besteckbreite mit der ⊙ oder * Höhe auf dem bekannten Wege die Länge sucht und das Gestirn zur Zeit der Messung peilt.

Dann trägt man auf der winkeltreuen Mercator-Karte den gefundenen Schiffsort und die Peilungslinie ein. Rechtwinklig auf letzterer steht die durch den Schiffsort gehende Sumner-Linie, in diesem Falle Tangente des Höhenparallels, jedoch in den in Betracht kommenden Stücken identisch mit letzterem. Nimmt man eine zweite Höhe, nachdem das Gestirn ein um 90^0 vom ersten verschiedenes Azimut erreicht hat und verfährt wie vorhin, so ergiebt der Durchschnittspunkt beider Sumner-Linien, wenn die Höhen auf dasselbe Zenit bezogen sind, den genauen Schiffsort.

Es sind aber leider Beobachtungsfehler nicht zu vermeiden.

Man hat in neuerer Zeit der Sumner-Methode eine grössere Bedeutung beigelegt, als in den vorigen Jahrzehnten. Sie liefert in der Karte ein recht anschauliches Bild vom wahrscheinlichen Schiffsorte.

Man darf aber durchaus nicht vergessen, dass sich

SO KÜSTE von JRLAND
Tusker Felsen
Feuer
ST. GEORGS CANAL
WALES
A'
Milford Hafen
Smalls
F.Sch.
B
BRISTOL CANAL
Lundy J.
Feuer
ENGLAND
W.v.Gr.
Sumner Linie
T
ONO
A
23'
C
52°
51°
5°
6°
7°
8°
50'
40'
30'
20'
10'
15
30
45

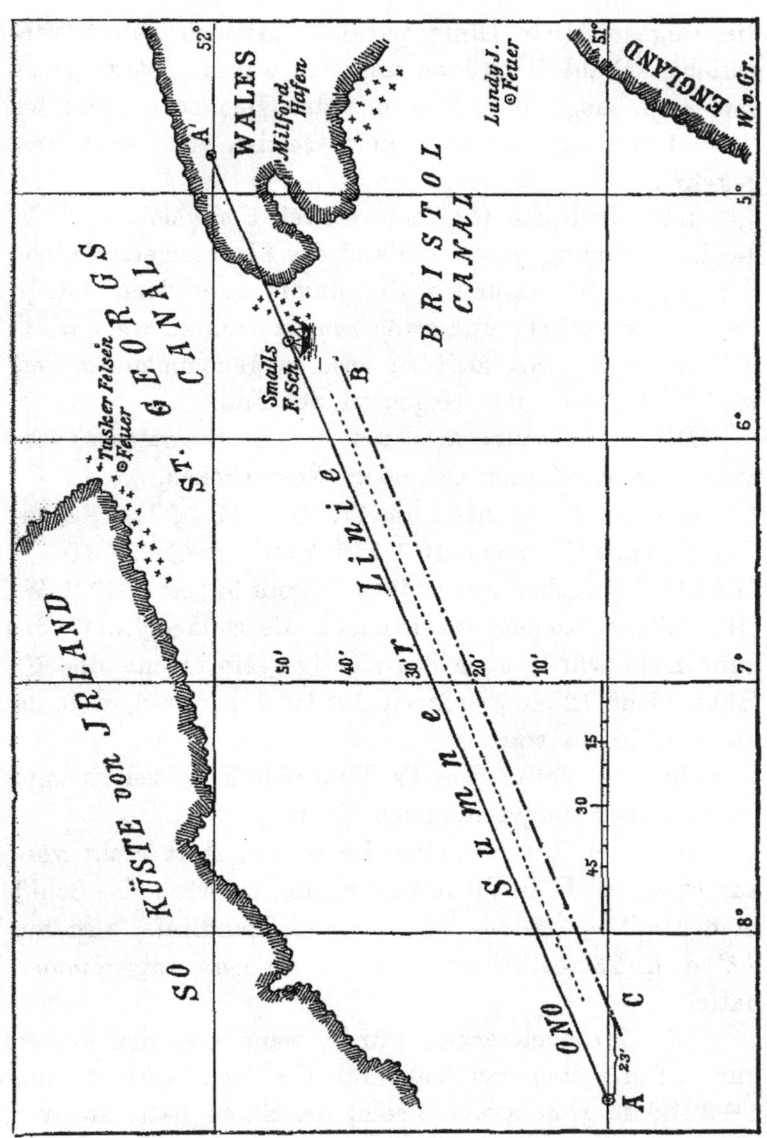

Fig. 55.

die eingezeichnete Linie parallel mit sich selbst verschiebt, sobald die Höhen ungenau waren. Ist zu gross gemessen, liegt die Linie um den Beobachtungsfehler (1′ = 1 sm) zu weit nach dem Gestirn zu, sonst umgekehrt.

Ist jedoch die Gr. Zeit verkehrt abgeleitet, d. h. der in Rechnung gesetzte Stand des Chronometers nicht richtig, so ist natürlich die damit gefundene Länge ebenfalls verkehrt; und zwar kommt man zu weit westlich, wenn die Gr. Zeit zu gross angenommen ist und zu östlich, wenn das Gegenteil der Fall.

Die Linie muss also um den in Bogenmass verwandelten Zeitfehler Ost oder West rücken.

Sumner beobachtete am 17. 12. 1837 $10^u\ 30^m$ a. m. Gr. Zt. nach Chronom. $10^u\ 47^m\ 13^{sec}$ w -⊙- 12° 10′ Mit 51° N berechnete er 8° 42′ ¼ W, mit 52° N: 4° 49 ½ W. Die vollausgezogene ist demnach die Sumnerlinie, die punktierte würde aber die richtige sein, wenn die -⊙- Höhe nicht 12° 10′, sondern 12° 12′,5 gewesen, d. h. zu klein gemessen wäre.

Sumner wollte Small's Feuerschiff ansteuern und folgte seiner eingezeichneten Linie.

Hätte er das erwartete Licht nun statt recht voraus etwa bei B in Sicht bekommen, so wäre das Schiff in der mit —·—·— bezeichneten Standlinie, also um AC d. h. 23′ östlicher gewesen, als man angenommen hatte.

Die Chronometerzeit würde, wenn man den Fehler nur auf die ungenau bekannte Gr. Zeit schiebt, um $1^m\ 32^{sec}$ zu gross gewesen sein, der Stand hätte also um diesen Betrag verbessert werden müssen.

Liegt die zwecks Anwendung der Sumner-Methode gemessene Höhe näher dem Meridian, als dem I. Vertikal, so berechnet man dieselbe als Nebenmittagsbreite. Man nimmt dann verschiedene Längen an, durch deren Subtraktion von der Gr. Zeit die Stundenwinkel und dadurch natürlich auch die erhaltenen Breiten verschieden ausfallen. Die Eintragung in die Karte geschieht genau wie oben.

Natürlich braucht man zu diesen Bestimmungen nicht dasselbe Gestirn zu wählen, wenn man nicht warten will, bis der Azimutal-Unterschied an 90° geworden ist.

Man kann zur selben Zeit oder unmittelbar aufeinanderfolgend Höhen verschiedener Sterne nehmen, muss aber darauf achten, dass die Peilungen nahe rechtwinklig zu einander sind.

Legt man mehr als zwei Sumner-Linien in der Karte nieder — man soll die Beobachtungen dann gleichmässig über den Horizont verteilen —, so hat man die beste Probe auf Zuverlässigkeit der Beobachtungen, wenn nämlich alle Linien sich nahe in einem Punkte schneiden.

§ 28. Bestimmung der Missweisung und Deviation des Kompasses.

Man berechnet im sphärischen Dreiecke ZPG (Fig. 53) den Zenitwinkel A, das Azimut, wenn h, φ und p, die drei Seiten, bezw. ihre Complemente, gegeben sind.

Da sich das Gestirn bequemer peilen lässt, wenn es nicht zu hoch, also im allgemeinen weit ab vom Meridian steht, also ein grosses Azimut hat, so wählt man von den drei in der Einleitung Seite 10 gegebenen Formeln den cos des halben Winkels.

$$\cos \frac{A}{2} = \sqrt{\frac{\sin {}^{s}/_{2} \,.\, \sin ({}^{s}/_{2} - p)}{\sin b \,.\, \sin z}}$$

Um die Subtraktion der Höhe und Breite von 90^0 zu sparen, formt man etwas um und rechnet bequemer:

$$\cos \frac{A}{2} = \sqrt{\frac{\cos {}^{s}/_{2} \,.\, \cos ({}^{s}/_{2} - p)}{\cos \varphi \,.\, \cos h}}$$

wobei zu bemerken ist, dass der cos eines negativen Winkels auch positiv, mithin

$$\cos ({}^{s}/_{2} - p) = \cos (p - {}^{s}/_{2}) \text{ ist.}$$

Ist $h = 0$, d. h. das Gestirn im Horizonte, dann geht die Grundformel

$$\sin \delta = \sin \varphi \,.\, \sin h + \cos \varphi \cos h \,.\, \cos A, \text{ weil}$$

$$\sin 0^0 = 0 \quad \text{und} \quad \cos 0^0 = 1 \qquad \text{über in}$$

$$\sin \delta = \cos \varphi \,.\, \cos A \text{ oder}$$

$$\sin \delta \,.\, \sec \varphi = \cos A, \text{ worin A stumpf wird}$$

wenn φ und δ ungleichnamig sind.

Dr. Fulst giebt in Tafel 10 die für $h = 0$ berechneten Azimute, deren Complemente Amplituden heissen.

Dieselben sollen im Augenblicke des wahren Auf- oder Unterganges beobachtet werden. Da die Strahlenbrechung das Gestirn im Horizonte um rund 35′ emporhebt, so muss die Sonne dann gepeilt werden, wenn ihr Unterrand nach Augenmass um den Halbmesser über der Kimm steht. Mond-Amplituden lassen sich nicht beobachten, denn dieser Himmelskörper hat wegen seiner grossen Parallaxe schon nahe 1^0 wahre Höhe, wenn er in der Kimm erscheint. Bei Sternen dagegen lässt sich, wenn sie wirklich ganz nahe der Kimm noch sichtbar sind, nie genau feststellen, wann sie im wahren Horizonte stehn, da man 35′ Höhe bei ungünstiger Beleuchtung selten messen kann.

Ist man durch irgend einen Umstand verhindert, die Höhe des Gestirns zu messen, weil z. B. der Horizont nicht deutlich genug, so kann man das Azimut (Fig. 53) berechnen, wenn man t, φ und δ kennt. Denn im sphärischen, bei r rechtwinkligen Dreiecke kann man ansetzen:

$$\cos t \,.\, \mathrm{tg}\, p = \mathrm{tg}\, Pr \quad \text{und} \quad \sin Pr : \mathrm{cotg}\, t = \sin Zr : \mathrm{cotg}\, A$$

Siehe die S. 10 angeführten Formeln d. sphär. Trigonomet. Man hat aber sorgfältig auf den Quadranten von p, Pr und A zu achten, deshalb ist zu empfehlen, diese Grössen stets mit Hülfe einer Figur zu veranschaulichen.

Um jede Rechnung überflüssig zu machen, sind von verschiedenen Fachleuten sogen. Zeit-Azimut-Tafeln berechnet worden, z. B. von Burdword & David, Labrosse, dem Deutschen Ebsen in Flensburg u. a.

Das Entnehmen des richtigen Azimuts aus irgend einer dieser Tabellen ist mit Hülfe der jedem Buche beigegebenen Erklärungen und Probebeispiele so einfach, dass hier nichts darüber hinzuzufügen ist. Das Naut. Jahrbuch enthält eine Azimuttafel des Polarsterns, der sich höchstens $^1/_4$ Strich von der wahren Nordrichtung entfernt.

Hat man das wahre Azimut berechnet oder einer Tafel entnommen, so vergleicht man dasselbe mit dem gepeilten. Der Unterschied beider ist der Kompassfehler. Von diesem subtrahiert man die am Orte gültige Missweisung algebraisch, der Rest ist die Deviation für den während der Peilung angelegenen Kurs.

Spezial-Missweisungs- oder die Seekarten geben den Betrag der Missweisung. Da sich letztere im Laufe der Jahre ändert, soll man stets neue Exemplare beschaffen, nie Karten, die älter als fünf Jahre sind, benutzen.

Man vergleiche die weiteren Ausführungen hierüber in § 9[a].

Beispiele:

Nro. 1. Am 1. 5. 1900 peilt man bei 15° *N* δ die aufgehende ⊙ in *N* 80° *O*; φ 54° *N*, Lg. 11° *O*.

sin δ . sec φ = cos A

δ + 15° log sin 9,4130

φ + 54° log sec 0,2308

w. ⊙ A *N* 63°,9 *O* log cos 9,6438 nach Dr. Fulst, Tafel 10

⌀ *N* 80° *O* — *N* 64° *O*

Komp. Fehl. 16° *W*

Die wahre ⊙ Richtung beträgt, von *N* ab gerechnet, da das Azimut stets gleichnamig mit der Breite ist, 64° nach Osten zu. Das Nordende der Magnetnadel liegt aber, von der ⊙ aus gezählt, 80° ab, muss demnach für einen im Mittelpunkte der Rose befindlichen Beobachter links vom wahren Norden liegen, d. h. die Missweisung muss westlich sein.

Regel: Liegt das wahre Azt. links, von Mitte des Kompasses aus gesehen, ist die Missweisung West, liegt das wahre rechts vom gepeilten, so ist sie Ost.

Nach einer neuen Seekarte sind am Beobachtungsorte 11° W Misswsg., der Kompass zeigt demnach 5° mehr nach W, er ist also durch örtliche Einflüsse abgelenkt, d. h. seine Deviation ist 5° W.

Während der Peilung lag das Schiff nach dem Peilkompass SW an. Da die Deviation desselben, d. h. seine Abweichung von der magnetischen Richtung bekannt ist, 5° W, so ist der reine missweisende Kurs S 40° W.

Am Steuerkompass wurde zur Zeit der Messung der Kurs SW $^1/_2$ W = S 51° W abgelesen, letzterer hatte also eine Deviation von 11° W.

w. ⊙ A	*N* 64° *O*
Ø	*N* 80° *O*
Peil Komp. Fehl.	16° *W*
Missw. d. Karte	11° *W*
Peil Komp. δ	5° *W*
„ „ Kurs	*S* 45° *W*
Misswsd. Kurs	*S* 40° *W*
Steuer K. „	*S* 51° *W*
„ „ δ	11° *W*

Nro. 2. Am. 1. 5. 1900 in 54° 10′ *N*, 10° 45′ *O* beobachtet man ⊙ 23° 25′ Ø *S* 68° *O*, als Chronom., dessen Stand — 4 m 50 sec g. mittl. Gr. Zeit war, 6 u 37 m 50 sec zeigte.

Chron.	6 u 37 m 50 sec
Std.	— 4 „ 50 „
M. Gr. Zt.	6 u 33 m 0 sec 30.|4.
verb. ⊙ δ	14° 57′ *N*
w ⊙	23° 35′

$$\cos\frac{A}{2} = \sqrt{\frac{\cos s/_2 \cdot \cos(s/_2 - p)}{\cos\varphi \cdot \cos h}}$$

p	75° 03′		
h	23° 35′	log sec	0,0379
φ	54° 10′	„ sec	0,2325
s/2	76° 24′	„ cos	9,3713
s|2—p	1° 21′	„ cos	9,9999
		2)	9,6416
		log cos	9,8208

$\frac{A}{2}$ = 48° 33′ . 2 = N 97°,1 *O* = w ⊙ Az *S* 83° *O*

Ø	*S* 68° *O*
Komp. Fehler	15° *W*
Misswsg. a. d. Karte	11° *W*
Deviation	4° *W*

Berechnet man diese Beobachtung ohne Zuhülfenahme der Höhe als sogen. Zeit-Azimut, so muss zuerst die wahre Ortszeit gesucht werden.

Die verb. Zeitgleichung ist 2^m 56^{sec} und zur mittleren Zeit zu addieren.

M. Gr. Zt.	$6^u\ 33^m\ 0^{sec}$
Ztlg.	$+\ 2^m\ 56^{sec}$
Wahre Gr. Zt.	$6^u\ 35^m\ 56^{sec}$
OLg. i. Zt.	$+\ 43^m$
w. Orts.Zt.	$7^u\ 18^m\ 56^{sec}$ = ⊙ t $4^u\ 41^m\ 4^{sec}$ Ost

cos t . tg p = tg Pr   sin Pr : cotg t = sin Zr : cotg A

t	$4^u\ 41^m\ 4^{sec}$	log cos 9,5285	log cotg 9,5547
p	75° 3′	. . . tg 0,5735	
Pr	51° 40′	. . . tg 0,1020	log cosec 0,1054
PZ	35° 50′		
Zr	15° 50′	. . . .	log sin 9,4359
		w. ⊙ A *S* 82° 53′ Ost	log cotg 9,0960

Fig. 53 erklärt, dass die Senkrechte vom Gestirn auf den Meridian nach aussen fällt. A wird also stumpf und ist N 97° 7′ O oder S 82° 53′ Ost, wie hier gefunden.

Die Azimut-Tafel von Labrosse ergiebt mit 54° φ, 75° p und $7^u\ 20^m$ w. Ortszeit Az N 97° Ost. Man pflegt in der Praxis meistens φ und p auf volle Grade zu nehmen und nur für die Zeit zu interpolieren. Der hierdurch entstehende Fehler kann unter Umständen einen vollen Grad und mehr erreichen, fällt aber nicht erheblich ins Gewicht, da Fehler beim Steuern, Peilen, Abdrift-Bestimmen u. s. w. grösser sein werden.

Man hat viele mechanische Vorrichtungen, vermittelst deren man an Bord von Handelsschiffen durch

Einstellung von Kreisbögen, Winkeln u. s. w. den magnetischen Kurs direkt ablesen kann. Diese Instrumente sind unter dem Namen Regulier-Kompass, Palinurus u. a. sehr beliebt und, wenn genau gearbeitet, auch ganz nützlich, wo es auf einen Viertelstrich nicht ankommt. Aelteren, wacklig gewordenen Apparaten dieser Gattung ist aber durchaus zu misstrauen. Denn Fehler der Exzentrizität der verschiedenen Scheiben, Verbiegen der Kreise, Schattenzeiger u. s. w. können sich in ganz bedenklichem Masse steigern. Verfasser untersuchte gelegentlich ein solches, lange im Gebrauche gewesenes Exemplar und fand dessen Angaben bis 5° fehlerhaft.

Das Beste ist immer ein guter Peilkompass, dessen Deviation zu Anfang der Reise von einem gewissenhaften Nautiker untersucht und, wenn nötig, soweit thunlich verringert oder ganz weggeschafft ist.

Die Abbildung, Fig. 7 ^{a}, zeigt ein Regelkompass-Nachthaus, dessen Messing-Kappe abgenommen und dessen Kompass (7^{b}) entfernt ist. An letzterem ist der Deutlichkeit wegen die Peilvorrichtung fortgelassen.

Das „Nachthaus“ ist geöffnet, man sieht im Innern desselben ein senkrechtes Rohr, das einen Vertikal-Magneten aufnehmen soll, um die Aenderungen der örtlichen Ablenkung beim Schiefliegen des Schiffes — Krängung — nach Back- oder Steuerbord aufzuheben.

An Deck liegt, längsschiffs (l) mit den Decksnäthen und auch querschiffs (q) je ein mit Messing bekleideter Magnet, bestimmt eine zu grosse Deviation bei Ost- oder West-, bezw. bei Nord- oder Süd-Kurs, die von festem Schiffsmagnetismus herrührt, aufzuheben oder zu vermindern.

Die an den Seiten, in Höhe des Kompasses, querschiffs herausstehenden Konsolen tragen beide entweder Rohre oder Kugeln aus weichem Eisen. In der Abbildung sind die Träger verschieden belastet, um eine weitere Figur zu ersparen. Kugeln sowie Rohre können dem Kompasse nach Bedarf genähert oder von ihm abgerückt werden.

Die Deviationstheorie ist heutzutage bei Stahl- und Eisenschiffen, ebensolchen Decks und Deckaufbauten, elektrischer Beleuchtung u. s. w. ein sehr schwieriges, dem Praktiker viel Unruhe bereitendes Hauptkapitel seiner Wissenschaft, über welche ganze Werke geschrieben sind.

Es lässt sich darum in einem kurzen Abriss nicht näher darauf eingehn, es kann hier nur empfohlen werden, stets auf die Aenderungen der örtlichen Ablenkung zu achten und sie in ein Journal einzutragen, um die Aufzeichnungen auf späteren Reisen vergleichen und zu Rate ziehn zu können.

§ 29. Hochwasser-Berechnung.

Nach dem Gravitations-Gesetze ziehen alle Körper sich gegenseitig an im Verhältnis ihrer Masse und im umgekehrten Verhältnisse des Quadrates der Entfernung.

So zieht auch der Mond die Erde an und zwar die ihm zugewandten Teile ihrer Oberfläche mehr, als den Mittelpunkt, letzteren wieder stärker, als die von ihm abgewandten Gegenden. Da Wasser dieser Anziehung leichter folgt, als die starre Erdmasse, bildet sich dort eine Ansammlung, eine Flutwelle, wo der Mond am höchsten, also im Meridian steht. Die Aufstauung wird den grössten Wert da erreichen, wo der Mond im Zenit kulminiert. Aber auch jene Gegenden, die den Mond im Fusspunkte haben, zeigen ebenfalls eine Erhebung. Denn die Gewässer haben weniger Zusammenhangskraft, als das Land und folgen daher der anziehenden Wirkung dort weniger schnell. Der Mond steht diesen Gegenden ausserdem ferner, kann also keine so hohe Welle erregen, die Nadir-Flut ist deshalb niedriger, als die Zenitalflut.

Durch Reibung, örtliche Einflüsse, wie vorgelagerte Sandbanken u. s. w. verzögert sich jedoch das Hochwasser um eine für jeden Hafen verschiedene Grösse, die „Hafenzeit“, (englisch abgekürzt H. W. F. Ch., Hochwasser (bei) Voll- und Neumond).

Die Sonne erregt nun ebenfalls eine, jedoch schwächere Flutwelle. Beide müssen sich aufeinanderstauen und einen ausserordentlich hohen Flutwechsel hervorbringen, wenn Sonne und Monde in genau derselben oder gerade entgegengesetzter Richtung am Himmel stehen*)

Dies findet bei Neu- und Vollmond statt, dann entsteht „Springflut“. In den beiden Vierteln, wenn die Sonne 90° Winkelabstand vom Mond hat, äussern beide Himmelskörper ihre anziehende Wirkung auch nach verschiedener Richtung, die Welle erlangt nur eine mittlere Höhe. Der Seemann spricht dann von tauber Flut, englisch neap-tide, woraus man die greuliche Verdeutschung „Nipp-Zeit“ verbrochen hat.

Der Mond bleibt hinter der Sonne täglich im

*) Näheres sehe man Nro. 26 dieser Sammlung: Physische Geographie von Prof. Dr. Siegm. Günther. S. 86 ff.

Mittel 0,8 ^{u} zurück, die Flut würde sich nach dem früher Gesagten genau um den gleichen Betrag verspäten. Die Sonne übt aber durch ihre Anziehung bald eine verfrühende, bald eine verspätende Wirkung, die „halbmonatliche Ungleichheit“ aus, um deren Betrag die Hochwasserzeit noch verbessert werden muss.

Das naut. Jahrbuch enthält als Tafel XXII den für diese halbmonatliche Ungleichheit verbesserten Meridiandurchgang des Mondes. In einer Nebenspalte findet man die Aenderung für eine Stunde in Länge, die mit dem Zeitunterschied (Lg. i. Zt.) multipliziert und bei Ost Länge subtrahiert, bei West Länge addiert werden muss.

Die Summe dieser für den betreffenden Ort umgerechneten Kulmination (T. XXII) und der Hafenzeit ergiebt das eine Hochwasser. Das zweite kommt ½ Mondes-Tag, d. h. 12 ^{u} plus 12mal stdl. Aenderung, später, wenn Hochwasser I vormittags und früher, wenn I des Nachmittags stattfindet.

Man hat nur darauf zu achten, innerhalb der Grenzen des bürgerlichen Tages zu bleiben.

Es kann natürlich vorkommen, dass ein Hochwasser ausfällt. Denn wenn es z. B. Sonnabends abends ein viertel vor 12 ^{u} gewesen, der halbe Mondes-Tag etwa 12 ^{u} 29 ^{m} ist, dann trifft das folgende am Sonntag 14 $^{min.}$ nach 12 ^{u} mittags, das nächste erst 43 $^{min.}$ nach 12 ^{u} nachts, also 17 $^{min.}$ vor 1 Uhr am Montag morgen ein.

Beispiele:

Nro. 1) 9 . 7 . 1900 ist wann Hochwasser bei Helgoland, 7°53 O, Hafenzeit 11 ^{u} 33 ^{m}?

Tafel XXII.

☾ Kulm + $^1/_2$ monatl. Ungl. $8^u\ 48^m$ $^8/_7$ p. m
Corr f O Lg. 2,7 . 0,5 — 1^m „
$8^u\ 47^m$ $^8/_7$ „
Hafenzeit $11^u\ 33^m$
I Hochw. $8^u\ 20^m$ mrgs. $^9/_7$

I Hochw. $8^u\ 20^m$ mrgs. $^9/_7$
$^1/_2$ ☾ Tag + $12^u\ 32^m$
II Hochw. $8^u\ 52^m$ abds. „

$^1/_4$ ☾ Tag = $6^u\ 16^m$ muss von den beiden gefundenen H.W.Zeiten subtrahiert werden, das ergiebt als Zeit für Niedrigwasser $2^u\ 4^m$ morgens und $2^u\ 36^m$ nachmittags.

Genauere Werte lassen sich vermittelst Tafel XXIV des Naut. Jahrbuchs finden.

Man hat nämlich durch langjährige Beobachtungen ermittelt, wie viel früher oder später das Hoch- und Niedrigwasser an benachbarten Orten auftritt, als in einem Hafen, für den man dasselbe mit aller Schärfe auf Jahre voraus berechnet.

Nro. 2) Am 8. und 9. Juli 1900 ist Hochwasser
p. m. 8 . 7 . $21^u\ 43^m$ in Cuxhafen
— $1^u\ 19^m$ „ Helgoland früher
HW. 8 . 7 . $20^u\ 24^m$ oder

I Hochw. 9 . 7 . $8^u\ 24^m$ mrgs. in Helgoland

NW. 8 . 7 . $14^u\ 45^m$ „ Cuxhafen
— $1^u\ 19^m$ Unterschied
I NW. 9 . 7 . $1^u\ 26^m$ mrgs. „ Helgoland

p. m. 9 . 7 . $10^u\ 17^m$ „ Cuxhafen
— $1^u\ 19^m$ in Helgoland früher
II H.W. 9 . 7 . $8^u\ 58^m$ abds. in Helgoland

NW	3 u 22 m	Cuxhafen
—	1 u 19 m	Unterschied
II NW.	2 u 3 m	nachm. Helgoland

Beide Methoden ergeben eine für die Praxis genügende Uebereinstimmung.

Ebenso wie für Cuxhaven enthält das naut. Jahrbuch eine Tafel für das Hochwasser bei der Themse-Brücke in London. Natürlich müssen die Unterschiede zwischen den Hochwasserzeiten der englischen, holländischen und französichen Küstenorte mit denen von London bridge dabei gegeben sein.

Das Reichsmarineamt giebt ausserdem jährlich sogenannte Gezeitentafeln heraus, welche noch für verschiedene andere „Haupthäfen" berechnete Hochwasserzeiten und natürlich auch die für die „Neben- oder Anschlusshäfen" passenden Unterschiede bringen.

Dass die wechselnde Wassertiefe auf den Seekarten für Niedrigwasser Springzeit angegeben, und wie eine Lotung auf Niedrigwasser zu reduzieren ist, wurde Seite 62 ausführlich besprochen.

§ 30. Bestimmung des Chronometerstandes durch Monddistanzen.

Obwohl Monddistanzen unter gewöhnlichen Umständen vom Kauffahrer nicht zur täglichen Navigierung gebraucht werden, dieser Methode heute, bei dem guten Zustande unserer Chronometer auch nicht mehr dieselbe Bedeutung, wie früher eingeräumt werden kann, liefert sie doch die einzige, fast immer ermöglichte Prüfungsgelegenheit, wenn der feine Mechanismus der „Seeuhr" einmal Störungen erleidet oder ganz versagt.

Sonnenfinsternisse und Sternbedeckungen sind verhältnismäsig selten eintretende und ausserdem sehr rasch vorübergehende Erscheinungen, deren rechtzeitige Beobachtung leicht verpasst werden kann.

Man hat die Abstände des Mondes von neun ganz in der Nähe seiner Bahn liegenden hellen Fixsternen, vier Planeten und der Sonne von 3 zu 3 Stunden im voraus berechnet und im naut. Jahrbuche für 0 ^{u}, 3 ^{u}, 6 ^{u} u. s. w. M. Gr. Zeit angegeben.

Die Fixsterne sind die folgenden:

α Arietis, Aldebaran, Pollux, Regulus, Spica, Antares, Atair, Fomalhaut und Markab.

Die vier Planeten heissen: Venus ♀, Mars ♂, Jupiter ♃, Saturn ♄.

Hat man nun eine Distanz zwischen dem Monde und einem dieser eben genannten Gestirne beobachtet, so kann man nach einfacher geometrischer Proportion berechnen, zu welchem Zeitpunkte dieselbe gehört, wenn man zuerst den Unterschied der nächst grösseren, und nächst kleineren sucht.

Um diese Subtraktion zu ersparen, sind im Jahrbuche die sogen. Proportional-Logarithmen zwischen den beiden aufeinanderfolgenden Mondabständen eingefügt. Der Berechner hat nämlich gleich den log. des Unterschiedes der Distanzenänderung vom log der Zeitänderung (3 Stunden), beide in Sekunden ausgedrückt, abgezogen und im Jahrbuch angegeben. Er ermöglicht dadurch eine schnellere Rechnung.

Man braucht jetzt nämlich nur den log des Unterschiedes (in Bogensekd.) der gemessenen und der vorhergehenden Jahrbuchdistanz zum pp-log zu addieren und die Zahl wieder aufschlagen, so hat man den Zeitunterschied. Der Mond bewegt sich in rund 30 Tagen in der Richtung W—O um die Erde, legt also an jedem Tage ungefähr $\frac{360^0}{30} = 12^0$ am Himmel zurück, seine ⊙ Abstände werden sich also bei zunehmenden Monde ☽ — ⊙ in 24 Stunden 12^0, in 1 ^{u} = 30′ in 1 ^{m} = 30″ im Mittel vergrössern, bei abnehmenden Monde ⊙ — ☾ verkleinern. Ist die Distanzänderung gross, so wird bei Bildung des Proportional-Logarithmus ein grösserer Unterschied subtrahiert, der Rest ist also klein. Daraus folgt: „Je kleiner die Proportionallogarithmen, desto schneller die Aenderung, desto weniger beeinflusst ein kleiner Messungsfehler das Resultat.“

Die Jahrbuchdistanzen gelten für den Mittelpunkt, der Beobachter befindet sich jedoch an der Oberfläche der Erde, wo er in der Strahlenbrechenden Atmosphäre misst.

Die beobachtete Distanz muss also vom Einflusse der Parallaxe und Refraktion befreit werden. Man misst ferner Randberührungen und muss die vergrösserten Halbmesser der Gestirne addieren, um Mittelpunktsdistanzen zu erhalten. Bei der ⊙ sind wahrer und scheinbarer Radius gleich anzunehmen. Die dem vom Erdmittelpunkt gesehenen Mondeshalbmesser hinzuzufügende Korrektion wird dem Jahrbuche, Tafel XVII, entnommen, wie bei der Höhenberichtigung bereits auseinandergesetzt wurde.

Planetenhalbmesser sind in Sextantenfernröhren nicht wahrzunehmeu, man misst deshalb so, dass der Mondrand den Stern halbiert.

Da der Mond von der Sonne erleuchtet wird, kann die Stellung beider nur so: ☉ ☾ oder ☽ ☉, jedoch niemals derartig: ☾ ☉ sein.

Sterne dagegen können sich sowohl rechts wie links vom erleuchteten Mondrande befinden.

Während man also bei ☉ ☾ Abständen beide Halbmesser immer addieren muss, ist bei solchen Sterndistanzen: ☾ *, „entfernten Randes" der ☾ Radius von der beobachteten Distanz zu subtrahieren, bei ☽* , nächsten Randes, wie bei ☉☾, ☾ radius zu addieren.

Bei sehr niedrigen Höhen, die man jedoch besser vermeidet, werden die Halbmesser von ☉ und ☾ durch den verschiedenen Betrag der Refraktion für Oberrand, Mittelpunkt und Unterrand in senkrechter (am meisten) und schräger Richtung (abnehmend bis 0 im horizontalen Durchmesser) verkürzt, so dass die Scheiben oval erscheinen. Tafel XII des naut. Jahrbuches enthält diese Verbesserung der Halbmesser, die bei 15^0 Höhe nur noch $4''$ beträgt, also bei grösseren Kimmabständen zu vernachlässigen ist.

Dass bei der Messung und Reduktion der Distanzen scharf auf Index Korrektion des Sextanten geachtet werden muss, bedarf wohl keiner näheren Ausführung. Wenn der pp log. z. B. 3010, d. h. das Verhältnis der Distanzen- zur Zeitänderung wie 1 : 2 ist, geben $10''$ Fehler in der Messung 20^{sec} in der Zeit und $5'$ in der Länge.

Die gemessene Distanz wird auf indirektem Wege am schnellsten in wahre Mittelpunktsdistanz verwandelt. Bei direktem Verfahren ist man gezwungen, die Rechnung auf Bogensekunden durchzuführen, die indirekten Methoden gestatten dagegen die Anwendung vierstelliger Logarithmen.

Eine viel benutzte Formel hat der Engländer Witchell gegeben. Sein Verfahren bietet den Vorteil kurzer Rechnung, hat aber zugleich den Nachteil, dass man stets überlegen muss, ob eine Korrektion zu addieren oder zu subtrahieren ist. Bei einiger Uebung ist jedoch diese Schwierigkeit nicht so sehr ins Gewicht fallend, da man sich sehr leicht zu behaltende, mechanische Gedächtnisregeln dafür merken kann.

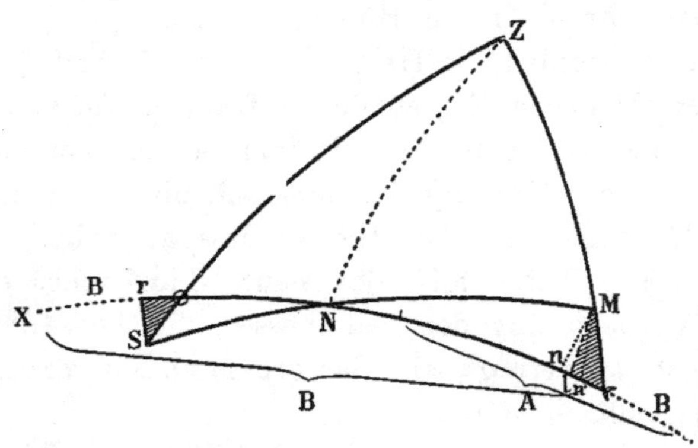

Fig. 56. Mond-Distanzen.

Sei M wahrer ⎫ Mond ⎫
☾ scheinbarer ⎭ ⎪
S wahrer ⎫ Sonnen ⎬ Ort
⊙ scheinbarer ⎭ ⎭
SM die wahre ⎫ Distanz
⊙☾ „ scheinbare ⎭

Statt ⊙ kann auch * gesetzt werden.

Die Sonne steht bei S, wir sehen sie aber, durch die nach dem Einfallslote zu gebrochenen Strahlen scheinbar erhöht, in ⊙, ⊙S ist also der Betrag von Refraktion — Parallaxe.

Den Mond dagegen erblicken wir in ☾, tiefer als er in Wirklichkeit bei M steht, denn seine Parallaxe ist immer grösser, als die Strahlenbrechung. M☾ = Parallaxe — Refraktion.

Denkt man sich nun mit der ungefähren Distanz ⊙M um ⊙ den Kreisbogen Ml, und mit MS um M Bogen Sr geschlagen, so wird der Unterschied der wahren und der scheinbaren Distanz ☾l und ⊙r in den Dreiecken M☾l und ⊙rS berechnet.

Zu diesem Zwecke sucht man zuerst im sphärischen △ZN⊙ den Winkel ⊙ und im △ZN☾ <☾.

Darauf findet man im kleinen als rechtwinklig und eben betrachteten △ ⊙Sr Kathete ⊙r = ⊙S cos <⊙.

Auf der entgegengesetzten Seite bestimmt man

☾l = M☾ . cos < ☾.

Dieses zweite Dreieck ist jedoch nur dann als rechtwinklig anzusehn, wenn ⊙ M, die Distanz, angenähert 90° ist. Sonst wird aus ☾l die grössere Strecke ☾n oder auch ☾n′.

ln oder ln′ heisst die „dritte Korrektion“ und kann aus Tafeln entnommen werden.

Sei NX = 90°, dann ist

$$B = 90^\circ - N\odot$$
$$B' = 90^\circ + N☾$$
$$\frac{B'-B}{2} = \frac{\odot☾}{2}$$

$$\left.\begin{aligned} \frac{B'+B}{2} &= A,\ \text{ein Hilfswinkel} \\ B' &= A + \frac{\odot☾}{2} \\ B &= A - \frac{\odot☾}{2} \end{aligned}\right\}$$ wie deutlich aus Fig. 56 zu entnehmen ist.

Um <⊙ und <☾ zu finden setzt man nun:

$$\cos Z☾ : \cos Z⊙ = \cos N☾ : \cos N⊙^{*)}$$

$$\sin ☾h : \sin ⊙h = \sin B' : \sin B$$

$$\frac{\sin ☾h + \sin ⊙h}{\sin ☾h - \sin ⊙h} = \frac{\sin B' + \sin B}{\sin B' - \sin B}$$

$$\frac{\text{tg}\ ^1/_2(☾h + ⊙h)}{\text{tg}\ ^1/_2(☾h - ⊙h)} = \text{tg A} : \text{tg}\frac{⊙☾}{2}$$

$$\text{tg A} = \text{tg}\frac{☾h + ⊙h}{2} \,.\, \text{cotg}\frac{☾h - ⊙h}{2}\ \text{tg}\frac{⊙☾}{2}$$

wo Bogen A nur in dem Falle stumpf werden kann, wenn ☾h <⊙h.

⊙☾ kann vermittelst Sextanten höchstens bis 140° gemessen werden, $\frac{⊙☾}{2}$ bleibt also immer <90°, tg $\frac{⊙☾}{2}$ mithin immer positiv.

Beide Höhen können, da ja ihr Abstand gemessen werden soll, nicht jede 90° sein. $\frac{H+h}{2}$ bleibt demnach unter 90°, die Tangente davon also auch positiv.

Nur cotg $\frac{☾h - ⊙h}{2}$ wird negativ, A also stumpf, wenn der Mond die kleinere Höhe hat.

$$\cos <⊙ = \text{tg}\ ⊙h \,.\, \text{cotg}\left(A - \frac{⊙☾}{2}\right)$$

S Corr = ⊙r = cotg $\left(A - \frac{⊙☾}{2}\right)$ tg ⊙h . ⊙ (R—P) und ebenso

M Corr = ☾l = cotg $\left(A + \frac{⊙☾}{2}\right)$ tg ☾h . ☾ (P—R), was mit vierstelligen Logarithmen zu rechnen ist.

---

*) Da ☾ und ⊙ scheinbare Orte bedeuten, sind ☾h und ⊙h auch scheinbare Höhen.

Beispiel:

Am 29. 10. 1900 in 39° 50′ *S* und 30° *W* beobachtet man bei — 2 m 48 sec Chron. Std. g. M. Gr. Zt.

Chron. 3 u 2 m 48 sec
„ Std. — 2 m 48 sec
Gr. Zt. 3 u 0 m 29./10. schb. ☉ 58° 46′ schb. ☾ 39° 36′

gem. ☉☾	68° 57′ 10″
J. Corr.	0
☉r	+ 16′ 8″
☾r	+ 15′ 41″
schb. ☉☾ Dist	69° 28′ 59′

☉ R—P 0′ 30″ ☾ P—R 42′ 34″

$$\text{tg A} = \text{tg}\,\frac{H+h}{2}\,\text{cotg}\,\frac{H-h}{2}\,\text{tg}\,\frac{☉☾}{2}$$

		Hälften		
☉ schb. H	58° 46′			
☾ „ „	39° 36′			
H + h	98° 22′	49° 11′	log tg	0,0636
H — h	19° 10′	9° 35′	„ cotg	0,7725
Dist	69° 29′	34° 44′,5	„ tg	9,8410
A		101° 53′	log tg	0,6771

$$\text{S Corr} = \text{cotg}\left(A - \frac{\text{Dist}}{2}\right).\ \text{tg}\ ☉\,h\ .\ ☉\,(R-P)$$

$A - \frac{\text{Dist}}{2}$	67° 8′	log cotg	9,6250
☉ h	58° 46′	„ tg	0,2172
☉ R — P	0° 30″	log	1,4771
S Corr	+ 21″	log	1,3192

$$\text{M Corr} = \text{cotg}\left(A + \frac{\text{Dist}}{2}\right).\ \text{tg}\ ☾\,h\ .\ ☾\,(P-R)$$

$A + \frac{\text{Dist}}{2}$	136° 38′	log cotg	0,0248 n*)
☾ h	39° 36′	„ tg	9,9176
☾ P—R	42′ 34″ / 2554″	log	3,4092
M Corr —	2236″ / 37′ 16″	log	3,3496 n

*) Wenn $\left(A-\frac{Dist}{2}\right)$ 90°, so ist die S Corr zu addieren und umgekehrt.
" $\left(A+\frac{Dist}{2}\right)$ > 90°, so ist die M Corr zu subtrah.

schb. Dist	69° 28′ 59″			
S + M Corr	— 36′ 55″			
	68° 52′ 4″	+ Wenn Distz. < 90°		
III Corr	+ 2″	— " " > 90°		
wahre Dist	68° 52′ 6″			
J. B. "	68° 51′ 48″	pp. log	2999 (— 13	
	0′ 18″		1,2553	
Zeitintervall	0 m 36 sec		1,5552	
M. Gr. Zeit	3 u 0 m 36 sec			
Chron. Zeit	3 u 2 m 48 sec			
" Stand	— 2 m 12 sec	g. mttl. Gr. Zt.		

Aus der Abnahme der pp. log. zwischen 3—6 und 6—9 u. s. w. von 3013, 2999, 2986 u. s. f. geht nach voraufgeschickter Erklärung hervor, dass die Distanzenänderung zwischen diesen Zeitpunkten grösser wird. Man muss diese Beschleunigung der Zunahme in Rechnung ziehn und den durch einfache Proportion gefundenen Wert noch für zweite Differenzen verbessern. Dies geschieht mit Hülfe von Tafel VI des naut. Jahr-Buches. Die nötige Erklärung für das richtige Vorzeichen ist dort nochmals hinzugefügt. Hier in diesem Beispiel ist die Corr. wegen des kleinen Zeitintervalles gleich 0.

Man begnügt sich nun nicht mit einer einzigen, gelegentlichen Standbestimmung, sondern muss mehrere Distanzen messen. Um konstante Instrumentenfehler und Ungenauigkeiten der ☾ Tafeln möglichst auszumerzen, nimmt man ab- und zunehmende Distanzen, wenn thunlich, gleicher oder nahe gleicher Grösse.

Dann mittelt man die erhaltenen Stände und kontroliert danach das Chronometer.

Es ist garnicht einmal notwendig, die Mondabstände am selben Tage zu beobachten.

z. B. Aus Distanzenmessungen wurden folgende Chronometer-Stände abgeleitet:

	1900.	15. 5.	$+ 4^{m} 16^{sec}$	Distz. * O v. Monde
	„	17. 5.	$+ 5^{m} 2^{sec}$	„ * W. v. „
Mittel	„	16. 5.	$+ 4^{m} 39^{sec}$	g. M. Gr. Zeit.

Durch Vervielfältigung der Beobachtungen kann man den Stand nun noch prüfen und das Resultat verbessern.

Im Mittel darf man jedoch keine grössere Genauigkeit, als höchstens 30^{sec} in Gr. Zeit erwarten und muss alle Vorsicht anwenden, diese Grenze zu erreichen.

Vor Allem ist natürlich grosse Fertigkeit im Messen und genaue Kenntnis des Instrumentes und seiner Fehler erforderlich.

E i n e, gelegentlich während der Reise genommene, Distanz verschafft die verlangte Uebung nicht, die Sache will öfter gemacht, fortwährend geübt sein.

Vergleicht man die auf dem eben beschriebenen Wege berechneten Stände, mit an Land nach Zeitball oder eigenen Zeitbestimmungen erhaltenen, wird man sich in Kurzem ein Bild über die Zuverlässigkeit der durch diese Methode erhaltenen Resultate machen können.

Da viele Chronometer einen andern „Seegang" annehmen, als sie während des Liegens im Hafen zeigten, so ist eine gewissenhafte und fortlaufende Kontrole dieses, dem modernen Nautiker jetzt unentbehrlichen Instrumentes wiederum unerlässlich. Denn wir haben bei den Sumner-Linien nachgewiesen, dass die Ermittlung der Standlinie nur dann sichere Resultate ergiebt, wenn die aus der Chronometerangabe abgeleitete Greenwich-Zeit richtig ist. Dies kann sie schliesslich nur dann sein, wenn der in Rechnung gezogene Stand genau dem wirklichen entspricht.

Die Navigationsschulen Deutschlands.

Schule in	Schiffer-Kurse		Steuermanns-Kurse	
	Beginn	Prüfung	Beginn	Prüfung
Preussen.				
Pillau . . .	—	—	1/10	15/6
Danzig . . .	1/10	15/3	1/10	15/6
Grabow a/O. .	1/10	15/3	1/10	15/6
Stralsund . .	1/8	30/12	1/8	1/4
Barth . . .	1/12	30/4	1/12	30/8
Altona . . .	Eintritt jederzeit	15/2 15/4 15/6 15/9 15/12	1/5 1/9 1/12	15/2 15/4 15/6 15/9 15/12
Flensburg . .	1/4 1/10	31/8 28/2	1/6 1/12	28/2 1/8
Apenrade . .	—	—	15/10	15/7
Geestemünde .	4/1 1/3 1/7 1/9	15/4 20/6 15/10 15/12	1/4 1/10	5/12 20/6
Leer	4/1 1/7	23/5 23/11	1/10	20/6
Papenburg .	1/4 1/10	25/8 25/2	1/3	1/12
Timmel . . .	—	—	4/1	25/9

Schule in	Schiffer-Kurse Beginn	Schiffer-Kurse Prüfung	Steuermanns-Kurse Beginn	Steuermanns-Kurse Prüfung	Bemerkungen.
Mecklenburg.					
Rostock . . .	1/10	31/1	1/10	31/5	v. 1/10. 98 ab.
	1/2	31/5	1/2	30/9	
	1/6	30 9	1/6	31/1	
Wustrow a. F. .	15/11	31/3	3/1	31/10	
Oldenburg.					
Elsfleth . . .	1/3	31/7	3/1	31/7	
	1/10	28/2	1/6	15/12	
Hansestädte.			1/10	30/4	
Hamburg . .	3/1	1/4	3/1	30/9	
	1/4	1/7	1/4	20/12	
	1/7	1/10	1/7	30/3	
	1/9	2/1	1/10	30/6	
Bremen . . .	1/3	1/10	1/4	20/11	
	1/10	28/2	1/8	20/3	
			1/12	20/7	
Lübeck . . .	1/4	31/7	1/5	31 1	
	1/10	31/1	1/11	31/7	

Die Anfangs- und Prüfungstermine verschieben sich je nach dem Wochentage und geben bei Auswahl einer Schule ungefähren Anhalt in Bezug auf die günstigste Zeit zum Eintritt. Da Seeleute ihre rechtzeitige Rückkehr nicht nach eigenem Belieben zu regeln vermögen, nehmen die Schulen noch bis drei Monate nach Beginn des Kursus Verspätete auf, sobald nachgewiesen wird, dass der darum Ersuchende dem Unterrichte folgen kann.

Bei den Schifferprüfungen können auch Steuermanns-Aspiranten, die früher nicht bestanden haben, geprüft werden.

Die preussischen Navigationsschulen machen die Aufnahme in die Steuermannsklassen vom Bestehen einer Aufnahmeprüfung abhängig. Die nötigen Kenntnisse können in einem Vorbereitungskursus der Vorschulen, die jederzeit Schüler aufnehmen, erworben werden. Ausser den aufgezählten vollen Navigationsschulen befinden sich noch Vorschulen in Prerow, Zingst, Swinemünde, Stolpmünde, Emden, Westrhauderfehn (Ostfriesl.), Grohn bei Vegesack und Grünendeich bei Stade.

Die Vorschulen bilden ausserdem „Schiffer auf kleiner Fahrt“ aus. Das Bestehen der Prüfung „für grosse Fahrt“ berechtigt nämlich zur Führung von Schiffen jeder Grösse in allen Meeren. Ein Schifferpatent für „kleine Fahrt“ aber gestattet dem Inhaber nur, Schiffe unter 400 Kubikmeter Raumgehalt in der Ost- und Nordsee bis zum 61°. Breitengrade und im Kanal zu führen. Die Anforderungen der letzteren Prüfung sind demgemäss auch viel geringer. Der Schiffer auf kleiner Fahrt braucht nur die einfachsten Aufgaben der terrestrischen Navigation, den Gebrauch der Karte und die Bestimmung der Breite aus der Meridianhöhe der Sonne zu erlernen.

Um zur Steuermannsprüfung zugelassen zu werden, ist der Nachweis einer auf das vollendete 15. Lebensjahr folgenden, mindestens 45 monatigen Fahrzeit zur See erforderlich. Von dieser Fahrzeit müssen mindestens 24 Monate als Vollmatrose auf Kauffahrteischiffen, ganz einerlei, welcher Nationalität, und davon wiederum mindestens 12 Monate auf einem Segelschiffe zugebracht sein. Die Vollmatrosenzeit kann auch in der Charge des Obermatrosen in der Kaiserl. Marine erworben werden. Dann müssen aber mindestens 12 Monate auf seegehenden, mit voller Takelage versehenen Schiffen abgedient werden.

Während des Schulbesuches erhalten die jungen Leute Ausstand bis zum 24. Jahre und sind also im Stande, noch in diesem Alter das Einjährigen-Zeugnis zu erwerben. Der Besitz des Steuermannspatentes berechtigt nämlich zum einjährigen Dienste in der Marine.

Zur Schifferprüfung werden nur solche Seeleute zugelassen, welche nach abgelegter Prüfung mindestens 24 Monate als Steuermann auf grosser Fahrt gefahren und die während dieser Zeit angestellten nautisch-astronomischen Beobachtungen und deren Berechnungen vorgelegt haben. Steuermanns- und Schiffer- (Kapitäns) Aspiranten dürfen nicht farbenblind sein, und müssen, wenn sie in ihrer Laufbahn vorwärts kommen wollen, normale Sehschärfe, überhaupt einen kräftigen, gesunden Körper besitzen.

Register.

Zeitfracht Medien GmbH
Ferdinand-Jühlke-Straße 7
99095 Erfurt, Deutschland
produktsicherheit@kolibri360.de